JUNG, WILD, SCHÖN, SCHNELL

ZWANZIG JAHRE FAHRRADBOTEN IN WIEN

„(...) Das Brutto- und Nettoresultat davon ist, dass die Persönlichkeit von Menschen, die die meiste Zeit ihres natürlichen Lebens damit verbringen, die steinigen Feldwege dieser Gemeinde mit eisernen Fahrrädern zu befahren, sich mit der Persönlichkeit ihrer Fahrräder vermischt – ein Resultat des wechselseitigen Austausches von Atomen –, und Sie würden sich über die hohe Anzahl von Leuten in dieser Gegend wundern, die halb Mensch und halb Fahrrad sind. (...)"

Flann O'Brian, „Der dritte Polizist"

VORWORT

VON **MICHAEL HÄUPL**

::: Klimaschutz zu illustrieren, ist in diesem speziellen Fall gar nicht so einfach. Denn wie dokumentiert man eine Umweltverschmutzung, die dankenswerterweise nicht stattfindet?

Manchmal aber ergibt sich doch die Chance, anschaulich zu zeigen, was möglich ist – etwa wenn man das Fahrrad als ernst zu nehmendes Verkehrsmittel im städtischen Verkehr nutzt und einsetzt. Seit 20 Jahren flitzen Wiens Fahrradboten durch den Stadtverkehr. Nicht immer so – auch das muss gesagt werden –, dass Verkehrspolizisten sie als leuchtendes Vorbild für andere Verkehrsteilnehmer hervorheben würden. Aber es gibt auch einen vorbildlichen Aspekt: Wären all jene Fahrten, die Wiens Radkuriere in den vergangenen 20 Jahren kreuz und quer durch die Stadt absolviert haben, statt mit dem Fahrrad mit dem Auto gemacht worden, hätte man dabei so viel Benzin verbraucht, wie zwei große Autobahntankstellen in einem Jahr absetzen.

Das ist ein Befund, der eines deutlich macht: Wer Klima- und Umweltschutz ernst nimmt, der muss ihn leben – und kann damit nicht nur Trends setzen, sondern auch wirtschaftlich höchst erfolgreich sein.

Die ersten Fahrerinnen und Fahrer von Veloce waren vor mittlerweile 20 Jahren echte Pioniere. In Wien und in Europa. Heute sind Fahrradboten aus lebendigen und prosperierenden Großstädten nicht mehr wegzudenken. In Wien sind die gelben Rucksäcke mittlerweile ein fixer Bestandteil des Stadtbildes, und das ist gut so!

Als Bürgermeister dieser Stadt und auch als gelernter Biologe freut mich der Anblick der Radboten in zweierlei Hinsicht: Es ist der Beweis dafür, dass konsequenter Klima- und Umweltschutz sowie florierende Wirtschaft keine Widersprüche sind. Das ist nicht nur zukunftsweisend, sondern überlebenswichtig. Dass Fahrradboten darüber hinaus vielen Wienerinnen und Wienern einen Impuls geben, in der Stadt öfter vom Auto aufs Fahrrad umzusteigen, ist ein weiteres Verdienst, das nicht hoch genug geschätzt werden kann.

Dennoch möchte ich die „zivilen" Radfahrer davor warnen, sich im Straßenverkehr mit dem gleichen Draufgängertum oder dem gleichen Tempo zu bewegen wie die Profis. Es ist gefährlich – für die Radler genauso wie für alle anderen auf dem Gehsteig und auf der Straße. Und darüber hinaus besteht die international berühmte Wiener Lebensqualität ja auch aus dem ganz eigenen Tempo dieser Stadt – soll heißen, dass man sich hier hin und wieder auch einmal ein bisserl Zeit lassen darf ...

Michael Häupl

Dr. Michael Häupl

JUNG, WILD, SCHÖN, SCHNELL

INHALT

BOTENECKE:

veloce
52117

DIE WELT IN ZAHLEN:

20 Jahre Veloce-Fahrradboten bedeuten ...

... 5.421.946	Zustellungen
... 37.012.341	gefahrene Radkilometer
... 3.752.112	nicht verbrannte Liter Benzin oder Diesel
... 11.200	Tonnen nicht emittiertes CO_2
... 0	Kilo an emittiertem Ruß, Feinstaub, Stickoxiden und anderen Schadstoffen
... 0,0	Prozent Beitrag zu Ozonloch und Klimawandel
... 4.017	Boten (insgesamt)
... 4.785.781	Fahrten bei Gegenwind
... 16	Fahrten mit Rückenwind
... 847.391	japanischen Touristen am Rad-Ring-Rund konnte gerade noch ausgewichen werden
... 44.947.746	überquerte Ampeln (davon rot: k. A.)
... 504.438.273	Yellow-Rucksack-Visits durch Passanten und Autofahrer im Straßenbild

BOTENECKE:

FUNKNAME: AGHORT

WIE LANGE BIST DU SCHON BOTE?
4 JAHRE

BESCHREIBE DEIN FAHRRAD:
SCHWARZER STEPPENWOLF

WIE VIELE KILOMETER SCHAFFST DU AM TAG?)
BIS ZU 100 KM

WIESO BIST DU BOTE GEWORDEN?
WEGEN DER FREIEN ZEITEINTEILUNG

DIE BESTE AUSREDE, WENN DICH EIN POLIZIST BEI IRGENDWAS ERWISCHT?
BESSER FLÜCHTEN ALS AUSREDEN ERFINDEN

WELCHE VERKEHRSREGEL WÜRDEST DU WIRKLICH NIE ÜBERTRETEN?
KEINE

DEIN SCHÖNSTES/SELTSAMSTES TRANSPORTSTÜCK ODER DEIN SELTSAMSTER AUFTRAG/FAHRTBERICHT?
TABLETT MIT BELEGTEN BRÖTCHEN, DAS NICHT IN DEN RUCKSACK PASSTE ...

WOZU TAUGEN AUTOS IN DER STADT?
ZU NICHTS; SOLLTEN DURCH FAHRRÄDER ERSETZT WERDEN

::: AM ANFANG WAR DAS RAD

Nur eine Idee

Eigentlich hätte Paul Brandstätter ja triumphieren sollen. Jubeln. Springen. Frohlocken. Schließlich hatte er soeben bewiesen, dass es funktioniert. Und zwar genau so, wie er es in den Wochen und Monaten zuvor erklärt, gepredigt und prophezien hatte: „Quod erat demonstrandum", hätte Paul Brandstätter da eigentlich rufen müssen, als er im zweiten Bezirk wieder auf die Straße trat, „schau her, Stadt, es funktioniert. Es gibt uns. Und zwar seit soeben."

Denn an jenem Vormittag des 27. Novembers 1987 kam da ein mittelgroßer junger Mann mit blonden Haaren und runden Brillen im zweiten Bezirk aus einer Druckerei, zählte noch einmal das Geld ab, das er da gerade in die Hand bekommen hatte – und seufzte. Fast schien es, als sei er ein wenig traurig. Dabei hatte Paul Brandstätter da gerade die Jungfernfahrt von Veloce absolviert: Ab sofort hatte Wien ein neues Unternehmen. Ein neues Gewerbe. Eine neue Branche: Der erste Fahrradbote der Stadt hatte soeben das erste Fahrradbotenkurierstück zum ersten Fahrradbotenkunden gebracht. Ein Grund zur Freude – und doch war der 21-Jährige, der da zu seinem Rad ging, es aufschloss und davonradelte, melancholisch gestimmt: „Ich wollte beweisen, dass wir schnell sind. Wahnsinnig schnell. Dass wir fast schon beamen. Darum bin ich geradelt wie der Blitz. Aber als ich die erste Lieferung dann übergeben hatte, blieb da fast ein Gefühl der Leere. Ein Loch. So wie es manchen Künstlern geht, wenn sie ein Werk vollendet haben – da stehen sie da und denken sich: Und was kommt jetzt?"

Aber vielleicht sollte die Geschichte von Veloce doch dort anfangen, wo sie wirklich beginnt. Ein paar Jahre früher – und in Salzburg. Dort saß nämlich der Schüler Paul Brandstätter in einer katholischen Schule. Und beschäftigte sich nicht nur mit dem, was man in Gymnasien so lernt, sondern las auch nebenbei noch. Ivan Illichs „Fortschrittsmythen" etwa. Und als er Illichs Thesen über Effizienz und Nachhaltigkeit des Fahrrades las und obendrein noch nachvollziehen konnte, dass auch der – sagen wir es neudeutsch – „ökonomische Fußabdruck" des Fahrrades (also auch der Aufwand und der Arbeitseinsatz, den der Bürger betreiben müsste, um ein Gerät zu bekommen, das ihn dann mobil machen würde) dem des Autos überlegen war, blieb etwas hängen: Man schrieb die 80er Jahre. Umweltschutz war gerade dabei, salonfähig zu werden: Zwentendorf war nicht vergessen, Hainburg aktuell – und Paul Brandstätter interessierte sich für die Themen der damaligen Zeit: Umweltschutz. Soziales. Und die Verbindung von Ökonomie und Gewissen. Also für die Rettung der Welt: „Ich wollte eigentlich nach Brasilien und dort Entwicklungshilfe machen." Einstweilen aber ging er in Salzburg zur Schule. Und fuhr mit dem Rad. Weil das am Land völlig normal war.

Und als er nach der Schule in Graz lebte und dort Zivildienst leistete, war er auch meist mit dem Rad unterwegs. Ohne an Illich zu denken. Oder sich sonstwie tiefer ideologisch auseinanderzusetzen. Das Fahrrad war da. Es war praktisch – also benutzte man es. Punkt.

Dass Radfahren mehr ist als eine günstige und effiziente Art, halbwegs überschaubare Distanzen zurückzulegen, bemerkte Brandstätter erst später. 1986. Da übersiedelte er nämlich nach Wien – mit 1.500 Schilling (etwas mehr als 100 Euro) in der Tasche: Paul würde Vater werden. Und um seine werdende Familie zu versorgen, nahm er zunächst den erstbesten Job an: Er wurde LKW-Fahrer. Auslieferungen. In Wien. Aber wenn er außerdienstlich in Wien unterwegs war, fuhr er – erraten – mit dem Fahrrad.

„Damals", erinnert sich Brandstätter, „waren Menschen, die in der Stadt Rad fuhren, noch absolute Exoten." Und wie es Minderheiten aus gutem Grund fast immer und überall tun, schlossen sich auch die Wiener Radfahrer zusammen. Auch Brandstätter suchte – und fand – Rad-Anschluss. In der ARGUS – der „Arbeitsgemeinschaft umweltfreundlicher Stadtverkehr": Die Initiative war rührig und streitbar. Man kämpfte um Radwege. Um Radrechte. Um Akzeptanz. Und ein bisserl auch um die Rettung der Welt. Brandstätter, 21 Jahre jung, hörte sich das immer wieder an. Und staunte: Radfahren war allem Anschein nach doch mehr als nur eine rasche, billige und umweltfreundliche Art, Wege zurückzulegen.

Eines Tages, erinnert er sich, gab es da einen Vortrag, in dem erwähnt wurde, dass es in London sogenannte „Bike Messenger" gebe. Fahrradboten. Paul Brandstätter dachte daran, wie er gerade sein Geld verdiente. Dann fiel ihm Illich ein. Und schon kurze Zeit später schaltete er im „Drahtesel", der ARGUS-Zeitschrift, ein Inserat: Was in London funktioniere, müsse man doch auch in Wien auf die Beine stellen können. Ob es da in der Runde der Rad-Vorkämpfer vielleicht Leute gebe, die bei diesem Projekt mitmachen wollten?

Der Anfang vom Anfang

Das erste Treffen, sagt Paul Brandstätter, war ein Schock. Zumindest ein bisserl. Denn im engen Versammlungsraum der ARGUS stapelten sich die Menschen. Mindestens 30 waren gekommen. Fast alle rauchten. Und mit seinen 21 Jahren war Paul eindeutig der Jüngste. Und Unerfahrenste: „Das waren lauter Menschen über 30, die jahrelange Erfahrung im basisdemokratischen und alternativen Gremiensitzen hatten. Berufsdiskutanten. Das ist eine furchtbare Erinnerung, denn ich habe mich in all diesem Alternativdings nicht ausgekannt und war auch nicht gremiumsfest."
Und dann war da noch was: „Die meisten Leute, die da saßen, kamen aus der WUK-Fahrradwerkstatt. Ich habe sie für mich dann die WUK-Fraktion genannt. Die waren immer da – und sind immer als Block aufgetreten." Und während man da basisdemokratisch in 80er-Jahre-Ökomanier Ideen und

FUNKNAME: ARAMIO

WIE LANGE BIST DU SCHON BOTE?
2 JAHRE

BESCHREIBE DEIN FAHRRAD:
RENNRAD

WIE VIELE KILOMETER SCHAFFST DU AM TAG?
50 KM

WIESO BIST DU BOTE GEWORDEN?
COOLER JOB

DIE BESTE AUSREDE, WENN DICH EIN POLIZIST BEI IRGENDWAS ERWISCHT?
KEINE ZEIT

WELCHE VERKEHRSREGEL WÜRDEST DU WIRKLICH NIE ÜBERTRETEN?
GEISTERFAHREN AUF DER AUTOBAHN

DEIN SCHÖNSTES/SELTSAMSTES TRANSPORTSTÜCK ODER DEIN SELTSAMSTER AUFTRAG/FAHRTBERICHT?
TORTEN; IRGENDETWAS SELTSAMES (GOLFAUSRÜSTUNG, BLUTPROBEN); WEISS NICHT, WAS ES WAR

WOZU TAUGEN AUTOS IN DER STADT?
ZUM TRANSPORTIEREN VON GRÖSSEREN SACHEN

Möglichkeiten diskutierte, ob und wie ein ökologisch korrekter Zweiradbotendienst denn aussehen könnte, taten sich ziemlich rasch die ersten ideologischen Schluchten auf. Und dabei ging es da noch gar nicht um grundsätzliche Kapitalismuskritik oder Ausbeutertum, sondern nur um einen möglichen Namen von Brandstätters zweitem Baby. (Das erste war schon da: Lena.) Schon die Suche nach einem Namen riss Gräben auf: „Da trafen Ideologien und Zugänge erstmals aufeinander. Die WUK-Fraktion wollte etwas wie ‚Tante Emmas Radladen' oder ‚Öko-Bote' oder ‚Öko-Kurier' – aber für mich war klar, dass das auf keinen Fall ‚Kurier' heißen darf. Allein wegen der Zeitung. Aber auch sonst brauchte man einen Namen, der dynamisch und urban klang. Dass das Fahrrad umweltfreundlich ist, brauchte man nicht zu erklären, fand ich."

Es war aber dann jemand anderer, der das Wort „Veloce" in die Runde warf. Und Brandstätter wusste sofort: „Das ist es! Veloce heißt auf Italienisch ‚schnell' – steht aber auch für ‚Fahrrad'. Außerdem hat es viele Vokale, klingt offen, lässig, cool und jung." In der Debatte bei den folgenden Treffen war der Titel nicht mehr vom Tisch zu bringen – und als die WUK-Fraktion sah, dass Brandstätter stur bleiben würde, ging sie. Geschlossen. Brandstätter fiel ein Stein vom Herzen. Denn in einem anderen Punkt wären die Wogen danach sicher noch höher gegangen: „Für mich war immer klar, dass sich das auch wirtschaftlich rechnen muss. Nur zu missionieren hätte mich nicht interessiert. Mich hat immer die Kombination von Effizienz und Ökologie fasziniert. Das war für mich das Spannende an den Berichten über die Boten in London: Sie waren schneller und flexibler als die Autos, zerstörten aber Stadt und Umwelt nicht. Das eine ohne das andere hätte mich nicht interessiert. Und eine Arbeit, die gegen meine Ideale geht, hätte ich nicht tun können. Ich bin da ja auch schon nicht mehr LKW gefahren. Aber wenn das Radfahren nicht wirtschaftlich gewesen wäre, hätte es mich nicht interessiert", erklärt Brandstätter – und holt zu einem kleinen Grundsatzexkurs aus: „Das ist übrigens auch der Grund, weshalb Veloce nie Lastenfahrräder verwendet hat. Weil die nicht schnell sind. Die sind langsam und kombinieren die Nachteile von Auto und Fahrrad: Eine Bierkiste mit dem Rad transportieren? So was haben wir nie gemacht. Weil das mit Effizienz nix zu tun hat. Mir war immer klar, dass sich Dinge nur durchsetzen, wenn sie auch im Wettbewerb überleben und keine Unterstützung brauchen." Aber das in einer Debatte mit geeichten Alternativ- und Plenardebatten-Fundis?

Brandstätter schüttelt sich heute noch wie ein nasser Hund: „Diese Diskussionen waren nur im Nachhinein lustig. Ich war ja damals wirklich sehr naiv. Kein Städter eben. Ich habe mit dieser Art politischer Diskussion nie was anfangen können und war sehr froh, als das vorbei war."

Zum Glück war die ursprüngliche 30-Mann-Gruppe der ersten Treffen da aber ohnehin schon auf knapp zehn Interessierte geschrumpft. „Diese Leute wollten nicht über Ideologie diskutieren, sondern etwas tun." Und mittlerweile war auch ein Mann zu Brandstätters Runde gestoßen, der binnen kurzer Zeit zu Pauls „väterlichem Freund" werden sollte: Helmut Slachta, kurz „Hill" genannt. Hill war gerade in Afrika gewesen, um dort zu reisen und Entwicklungshilfsorganisationen zu unterstützen. Im Zivilberuf war er aber Architekt. Und – im Augenblick für Veloce wohl das Wichtigste – Hill hatte Erfahrung: In seiner Studienzeit, 20 Jahre vor dem ersten Treffen bei der ARGUS, hatte er in New York gearbeitet. Als Fahrradkurier.

Vielleicht ist es an dieser Stelle angebracht, noch ein paar Worte zum zeitlichen Wiener Rad-Umfeld einzustreuen: Mitte der 80er Jahre begannen nämlich die ersten Wienerinnen und Wiener das Fahrrad als stadttaugliches Verkehrsmittel wiederzuentdecken und organisierten sich in der ARGUS. Und das hatte Folgen. Zum einen, weil die ARGUS auf Sichtbarkeit setzte – und Radsternfahrten organisierte: Plötzlich waren da hunderte Radfahrer gemeinsam unterwegs – und das nicht nur auf der Donauinsel, sondern in der Stadt. Was heute unter „Critical Mass" oder „Reclaim the Streets" wieder bekannt wird, zeigte schon damals erste Zeichen des in ihm steckenden Potenzials.

Gleichzeitig fiel einigen Akteuren aber auch auf, dass es an der Hardware mangelte: Fahrräder waren damals entweder filigrane Renn- oder tonnenschwere Waffenräder. Oder aber „Freizeit"-Spielzeug, über das man heute nur mehr lachen würde – damals aber eher weinte: Schon die heutigen Straßen und Randsteine hätten diesen Gabeln, Speichen und Gestängen rasch den Garaus gemacht. Und in Wien gab es damals noch jede Menge holpriges Kopfsteinpflaster. Um es aufrechten StadtradlerInnen (mit Binnen-I) zu ermöglichen, überhaupt zu fahren, wurde deshalb gerade die „Cooperative Fahrrad" – kurz „Coop" – gegründet. Weil diese ersten – der Ausdruck passte damals noch tatsächlich – Pedalritter (und -innen) auch wissen mussten, wo die ersten Wiener Radwege überhaupt zu finden waren, kam zu dieser Zeit auch der erste Radwege-Plan Wiens heraus. Und weil Radfahrer sich ja even-

tuell einmal doch auch anders als am Bike fortbewegen könnten, kam da aus dem ARGUS-Umfeld – nach Vorbild des Schweizer VCS – auch der VCÖ, der „Verkehrsclub Österreich". Kurz: Mitte der Achtzigerjahre war Wien für Gründungen im Fahrrad-Umfeld ein durchaus fruchtbares Pflaster. Auch im Projekt „Veloce" ging es nun Schlag auf Schlag. Man verteilte Aufgaben. Und ein paar Treffen später waren dann nur noch vier Velocianer übrig: Hill, Christoph Riha – der heute Teufelhart heißt –, Stephan Lanner – und Paul Brandstätter.

Die Gründung

Paul Brandstätter hatte am meisten Zeit. Er war gerade Vater geworden und wollte sich vor allem um seine Tochter kümmern. Darum machte er sich – mit dem Babytragetuch vor der Brust – auf die Suche nach einem geeigneten Büro für die neue Firma: „Ich wohnte im vierten Bezirk und konnte ja nicht lange mit dem Baby unterwegs sein. Und weil wir kein Geld für eine Maklerprovision hatten, habe ich eben nach ungeputzten Fensterscheiben gesucht, bin in die Häuser rein und habe nach der Hausverwaltung gefragt. Wir wussten zwar nicht wirklich viel über unsere späteren Kunden, aber dass wir unser Kerngeschäft wohl innerhalb des Gürtels haben würden, war uns schon klar."

Eines Tages im Frühjahr 1987 fiel Brandstätter eine kleine Tür auf, die am Mittersteig allem Anschein nach in ein Kellerlokal führte. Daneben war ein Souterrainfenster. Ungeputzt. Brandstätter machte sich schlau – und stand wenige Tage später mit Hill in einem gerade 22 Quadratmeter großen Souterrainlokal mit Erdboden. „Es gab ein Zimmer, etwa 17 Quadratmeter, einen Schluf zum Kellergang, dort ein Klo und Wasser. Früher haben in solchen Löchern Menschen gewohnt." Hill, der Architekt, sah, dass der Raum prinzipiell trocken genug war. Die Adaptierungsarbeiten würde man großteils selbst machen können: Der Firmengründung stand nichts mehr im Weg.

Eigentlich schon. Man brauchte eine Rechtsform – und hatte kein Geld. Also gründeten die vier Herren einen Verein. Und legten zusammen: insgesamt ATS 30.000,– (Euro 2.180,–). Das Kellerloch bekam einen Boden. Möbel holte man von nebenan – bei der Caritas. Und Brandstätter machte sich auf zur Post, „damals noch ein richtiges Amt", um zwei Telefonanschlüsse mit leicht erinnerlichen Nummern – sagen wir es ruhig – zu erflehen. Die amtliche Fernmeldeanschlussverteilerei war damals noch ein bisserl komplizierter

FUNKNAME: ARGUS

WIE LANGE BIST DU SCHON BOTE?
SEIT 1997

BESCHREIBE DEIN FAHRRAD:
MOUNTAINBIKE

WIE VIELE KILOMETER SCHAFFST DU AM TAG?
1 KM

WIESO BIST DU BOTE GEWORDEN?
AUS VERZWEIFLUNG

DIE BESTE AUSREDE, WENN DICH EIN POLIZIST BEI IRGENDWAS ERWISCHT?
- - - - -

WELCHE VERKEHRSREGEL WÜRDEST DU WIRKLICH NIE ÜBERTRETEN?
AUTOSTRASSE

DEIN SCHÖNSTES/SELTSAMSTES TRANSPORTSTÜCK ODER DEIN SELTSAMSTER AUFTRAG/FAHRTBERICHT?
VISUM

WOZU TAUGEN AUTOS IN DER STADT?
FÜR STAUS

und konnte dauern. „Ich fand dann aber nach längerem Verzweifeln eine Postbeamtin, die verstand, was ich meinte, oder bei der mein maximaler Jugendcharme wirkte– zu der bin ich in den Jahren darauf dann noch einige Male gekommen: immer dann, wenn wir übersiedelt sind." Aber zwei Telefone müssen auch läuten, damit der Laden läuft. Gut: Der eine Apparat war für die Boten. Denn die, hatten sich die Gründer überlegt, sollten sich per Telefon in der „Zentrale" melden: Die günstigste Funkanlage hätte mehr als das Fünffache des Firmenkapitals gekostet – ganz abgesehen davon, dass die Geräte dann für den Einbau in Autos „formatiert" gewesen wären, doch ein bisserl teuer. Aber Wien war damals noch – 1987 gab es noch keine Mobiltelefone – ein enges Netz von Telefonzellen: Die Fahrer, hatten sich die Velocianer überlegt, sollten sich also alle 15 Minuten unter einer der Nummern melden. Und Aufträge entgegennehmen. „Wenn man schnell war – oder wenn es keine Aufträge gegeben hat –, ist der Schilling auch wieder aus dem Apparat gefallen." Nur: Wie sollte es gelingen, das andere Telefon, das, auf dem Kunden anrufen sollen, zum Läuten zu bringen?

Marketing und so Zeug

In Wirklichkeit hatten die vier Gründer keine Ahnung, worauf sie sich da einließen. Klar: Man wollte Güter mit dem Rad transportieren. In der Stadt. Aber von wem wohin? Wie sollte die Verwaltung funktionieren? Wie die Verrechnung? Und – immer wieder dieselbe Frage – vor allem: Wie weiß einer, der etwas zu transportieren hat, dass einer, der kein Geld für Werbung hat, der Transporteur seiner Wahl ist?

Brandstätter lacht: „Das erste Problem waren die Preise." Bei den Auto-Boten wurde damals nach tatsächlich gefahrenen Kilometern verrechnet – aber welches Fahrrad hat schon einen präzisen Tachometer? Außerdem fand man die Perspektive, dem Kunden erst im Nachhinein den Preis sagen zu können, nicht elegant. Schließlich sollte das Projekt ja „korrekt" sein – also auch dem Kunden gegenüber Transparenz bieten. So tüftelten die vier das Tarif-Konzept von Zonen und Luftlinien-Kilometern aus. Der eigentliche Vorteil dieser Methode stellte sich erst viel später heraus: Buchung, Ver- und Abrechnung in der Zentrale waren so – das Wort „Datenfunk" war noch nicht einmal erdacht – möglich, ohne dass der Bote (oder sein Rechnungsblock) physisch anwesend war.

Aber auch bei der Bezahlung wollte man andere Wege beschreiten als Taxi- oder Autobotendienste: Während Fahrer dort eine monatliche Pauschale an die Funkzentrale zu bezahlen hatten, dafür aber bis zu 80 Prozent der Umsätze einstrichen, sollte Veloce das von Hill in den USA erlebte 50-Prozent-System übernehmen: Eine fixe Monatspauschale an die Firma wäre in Zeiten schlechter Auftragslage schließlich dem Fahrer gegenüber unfair. Anfangs gab es sogar eine „Bereitschaftspauschale" des Unternehmens für die Fahrer.

Noch etwas übernahm Veloce aus den USA: das Prinzip der „Nicknames", der Künstlernamen. „Ich hab mir das bei den Auto-Diensten angeschaut: Da war der Fahrer oder der Wagen eine Nummer", erinnert sich Brandstätter, „das fand ich unmöglich. Unsere Fahrer sollten etwas Besonderes sein. Hill erzählte dann, dass in den USA jeder unter einem Pseudonym gefahren sei. Einem Künstlernamen. Heute kennt das jeder, der im Internet postet – da haben alle solche Nicks, aber damals war das ganz was Neues. Das haben dann später fast alle Fahrradbotendienst in Europa von uns übernommen. Und ich glaube, auch die Münchner – ich wusste bei der Gründung gar nicht, dass es auch in München schon Fahrradboten gibt – haben das angeblich von uns abgeschaut. Und das hat sich fast überall durchgesetzt."

Nur bei den Kunden konnte Hill nicht so wirklich helfen: Gut, in den USA war er für Architekten, Büros und Anwaltskanzleien gefahren – aber war Wien 1987 nicht doch gänzlich anders als der Big Apple 1967? Außerdem: 1967 hatte niemand ein Faxgerät. In der kleinen Firma, die da bald ihr Souterrainlokal am Mittersteig eröffnen wollte, machte sich Ratlosigkeit breit: Man hatte zwar im Branchenverzeichnis des amtlichen Telefonbuchs (etwa das, was heute die Gelben Seiten von Herold sind) Unternehmen angestrichen, aber so wirklich sicher waren die vier Radtransporteure in spe da nun auch wieder nicht. Zunächst halt die „Community": Im „Drahtesel" durfte Veloce im Frühherbst ein erstes Gratis-Inserat schalten. Außerdem hatte man Adressen von der ARGUS freundlich gesonnenen Firmen und Institutionen. Und als Veloce dann beschloss, mit 27. November 1987 den Betrieb aufzunehmen, rief man vorher noch einmal alle Bekannten und Freunde durch: „He Leute, ab sofort hat Wien einen Fahrradbotendienst."

Los geht's! Geht's los?

Die vier hatten sich das so gedacht: Im Prinzip sollte jeder alles tun. Auch die Chefs. Hill sollte – da er am wenigsten Zeit hatte – halt nur hin und wieder fahren. Riha und Lanner ein bisserl öfter. Und Brandstätter sollte am Vormittag Bote sein und am Nachmittag im Büro Aufträge verteilen. Außerdem gab es eine Bekannte, die mit Büroarbeiten vertraut war – die sollte an den Vormittagen, wenn Paul unterwegs war, die Telefone hüten.

Den ersten Anruf eines „echten" Kunden nahm Brandstätter selbst entgegen. Und teilte sich selbst als Fahrer ein. „Ich weiß nicht mehr, von wo ich etwas abholen sollte – aber die Fahrt führte mich zur Druckerei Bösmüller im zweiten Bezirk." Dort angekommen, wurde der Bote bar bezahlt – und dann stürzte Brandstätter in ein kleines emotionales Loch. „Das war fast wie ein Verlustgefühl. ‚Das war es also?', dachte ich mir."

Scheinbar ja: Denn an diesem ersten Tag läutete das Auftrags-Telefon kein zweites Mal. Der zweite Auftrag kam erst am 30. 11. (einem Montag), aber an dem Tag waren es dann zwei oder drei Fahrten – aber trotz einer Steigerung von 200 Prozent war Brandstätter nicht glücklich: „Ich habe mir gedacht, dass da ein Mailing schon gut wäre. Dann haben wir Briefe geschrieben. Einzeln getippt. Und die Adressen händisch auf die Kuverts geschrieben." Heute gibt Brandstätter zu: „Ich hatte keine Ahnung von der Wirtschaft. Denn das Mailing hat genau gar nix gebracht." Dabei hatten die Veloces doch eigentlich Rad-affine Institutionen angeschrieben: Greenpeace etwa. Oder die Grünen. „Wir glaubten, dass die jetzt sofort alle Fahrten mit uns machen müssen. Und waren natürlich irrsinnig enttäuscht, dass die sich überhaupt nicht gerührt haben. Ganz am Anfang jedenfalls, später sind sie dann schon zu unseren Kunden dazugekommen." Warum? „Weil sie, so wie alle, geglaubt haben, dass man nichts mit dem Rad schicken kann. Weil da alles kaputtgeht. Greenpeace hat uns also nicht beschäftigt – und ich habe ganz genau gewusst, dass die alles mit Autos durch die Stadt schicken. Das war echt hart für mich."

Aber für „echte" Werbung gab es kein Geld. Also setzte sich Brandstätter an das ohnehin nicht läutende Telefon – und rief Zeitungen an. „Vom Falter über Kurier und Krone bis zur Presse. Aber es war nicht der alternative, grüne Falter, der etwas gebracht hat – sondern die Presse. Die konservative Presse." Brandstätter und Co. waren verwirrt. Erst recht, als das Telefon schon am Tag, als der Artikel erschien, sofort zu läuten begann: Fünf Fahrten an einem halben Tag. Und – Verblüffung – für Kunden, „die gar nicht in unsere Alternativ-Zielgruppe gepasst haben“. Aber Brandstätter lernte in diesen Tagen noch mehr. „Ich sah, wie Presse- und Medienarbeit funktioniert: Einer schreibt vom anderen ab. Am nächsten Tag rief schon die nächste Zeitung an – und dann der Michael Schrott von der Musicbox (legendäre Radiosendung auf Ö3, Anm.). Das passierte alles in den ersten vier Wochen. Und als wir dann auch noch ein Wettrennen gegen ein Taxi von unserer Zentrale bis in die Falter-Redaktion überlegen gewannen, sah man uns plötzlich. Damit waren wir in der Stadt bekannt.“

Kurz darauf – ebenfalls noch vor Weihnachten 87 – meldete sich das Werbe- und Medienbranchenheft „Extradienst“ und brachte eine größere Geschichte über die Neuen im Transportgewerbe. Mit dem ersten Veloce-Pressefoto. „Damit wusste dann auch die Medien- und Werbeszene, dass es uns gibt – das war für uns das Wichtigste.“ Freilich hatten die Extradienst-Redakteure auch bei Veloces motorisierten Mitbewerbern nachgefragt. Ob das Konzept denn eine Überlebenschance hätte? Erstaunt las Brandstätter, dass der Branchensprecher der Konkurrenz fast mitleidig klang: Sobald der erste Schnee liege, würde er den radelnden Kurieren zuschauen, wie sie ihre Räder bei Schönbrunn über den grünen Berg schieben – und bis zur Schneeschmelze werde sich die Frage dann wohl von selbst beantwortet haben. „Na ja, ich habe einfach gewusst, dass das nicht stimmt. In Salzburg, am Land und in Graz sind wir alle immer mit dem Rad gefahren. Für mich, das Landkind, war das völlig normal: Das war der kleine Vorteil des Landmenschen gegenüber dem Städter. Das war typisch Wien, wo man so was nicht glauben wollte. Aber ich habe mir gedacht: Der Kollege ist alt, Teil einer alten Generation, der weiß nicht, was geht. Das hat mich gar nicht beeindruckt.“

Vielleicht ja auch noch aus einem anderen Grund: Ein paar „Anstandswochen“ nach dem Erscheinen des Artikels im „Extradienst“ rief ebenjener alteingesessene Unternehmer den Newcomer Brandstätter an: Er fragte, ob die Radfahrer nicht vielleicht als Subunternehmer für ihn arbeiten wollten. Veloce lehnte ab. Dankend – und selbstbewusst: Eine schönere Bestätigung dafür, zur richtigen Zeit mit der richtigen Idee aufgetreten zu sein, hätte man den vier Männern in ihrem Souterrainlokal gar nicht liefern können.

::: DER AUFSTIEG

In der Erinnerung war Weihnachten ja immer weiß und die Sommer sonnig – auch wenn die Wirklichkeit etwas ganz anderes sagt. Aber der Winter 1987/88 war tatsächlich – und sogar in der Stadt – ein „echter" Winter. Also bekam er das Etikett „Katastrophenwinter" umgehängt. Doch wie jeder Winter endete auch er. Der Schnee ging – und die Fahrradboten waren immer noch da.

Und nicht nur sie wussten: Es geht – und zwar sogar mit Rädern, über die man aus heutiger Perspektive nur lachen kann. Oder weinen. Denn Paul Brandstätter hatte in den ersten Wochen des Unternehmens „Botendienst" Dienst-Fahrräder gekauft. Und meint bis heute, „dass das einer meiner ersten Fehler war." Denn obwohl es damals stadttaugliche Fahrräder mit harten Nehmerqualitäten gab, waren die drei vollausgerüsteten Citybikes mit Gepäckkoffer und Firmenschild zwischen den Stangen alles andere als das Gelbe vom Ei. Aber immerhin halfen sie zu erkennen, wer als Bote was taugte und wer nicht: „Echte Boten hatten eigene Räder – und wer so ein Rad verwendete, war nur allzu oft als Kamikaze unterwegs." (Mehr zur „Hardware" ab Seite 123)

Wichtiger war aber die Erkenntnis, dass das Konzept richtig war: Nach dem ersten Winter hatte Veloce schon einige regelmäßige Kunden. Etwa 50 Aufträge waren es, die man da pro Tag hereinbekam. „Also fünf in der Stunde", erinnert sich Brandstätter. Und dieser Erfolg machte euphorisch: „Wir waren übermütig. Also mutig – und das gab uns Selbstbewusstsein. Wir sagten, dass Veloce nun ein Stück Stadtbild wäre. Und wie die New Yorker Taxis wollten wir da zu einem auffälligen Element werden, das als fehlend empfunden wird, wenn es nicht im Bild auftaucht." New Yorker Taxis heißen „Yellow Cabs" – und weil sich die Packtaschen auf den Fahrrädern nicht wirklich bewährt hatten, wurden die Rucksäcke auch knallgelb eingefärbt. Yellow Bags, zur Sicherheit – und zur Sichtbarkeit.

Aber New York war auch in anderer Hinsicht ein Vorbild: Begriffe wie „Werkverträge" und „Neue Selbständige" waren in den späten 80er Jahren in Österreich noch weitestgehend unbekannt. Auch alle sozialrechtlichen Diskussionen, die sich danach um dieses Themenfeld rankten. Und über ein kollabierendes Pensionssystem machte sich damals auch niemand ernsthaft Gedanken. Zumindest niemand, der sich mit einem Fahrrad unterm

Hintern durch die Stadt prügeln lassen wollte. Angestellte Fahrer wären für den Verein auch zu teuer gewesen – aber wie sonst sollte man die Crew entlohnen? Hill erinnerte sich an seine Zeit in den Schluchten von New York: Dort war niemand angestellt gewesen. Man war da, jobbte ein paar Wochen – und war dann wieder weg. Und auch in Wien wollte kein Bote angestellt werden. „Die waren 20, 25 Jahre alt – da dachte damals noch kein Mensch an seine Pensionsvorsorge. Das kam alles erst viel später in die Diskussion. Die Boten wollten fahren und dafür Geld. Drum haben wir das auch so gemacht."

Ob das juristisch Neuland oder Sumpfland war oder nicht, war den Radkurieren damals ziemlich egal. Und zwar sowohl Fahrern wie „Chefs". Die, erinnert sich Brandstätter, hatten da nämlich plötzlich ganz andere Sorgen: Von Amts wegen, hatte Paul Brandstätter nämlich erfahren, könne es gar keine Fahrradboten geben. Nicht in Österreich. Schließlich schien dieses Gewerbe in den Unterlagen der Kammer nicht auf. Und wenn es kein Formular gibt, muss sich die Realität eben hinten anstellen.

BOTENECKE:

FUNKNAME: BRENNER

WIE LANGE BIST DU SCHON BOTE?
SCHON RELATIV LANGE

BESCHREIBE DEIN FAHRRAD:
WELCHES VON DEN VIEREN?

WIE VIELE KILOMETER SCHAFFST DU AM TAG?
EIGENTLICH ZÄHLT MEHR DER UMSATZ ALS DIE KM. 0,8 KM PRO EURO IST MEIN LIEBLINGSVERHÄLTNIS.

WIESO BIST DU BOTE GEWORDEN?
AUS GELDMANGEL, SO WIE GARANTIERT ALLE ANDEREN BOTEN AUCH.

DIE BESTE AUSREDE, WENN DICH EIN POLIZIST BEI IRGENDWAS ERWISCHT ?
DA HILFT NUR UNTERWÜRFIGKEIT: JA, SIE HABEN RECHT, TUT MIR LEID, WAR MEIN FEHLER, WIRD NICHT WIEDER VORKOMMEN

WELCHE VERKEHRSREGEL WÜRDEST DU WIRKLICH NIE ÜBERTRETEN?
MUTTIS MIT KINDERWAGEN DIE VORFAHRT NEHMEN

DEIN SCHÖNSTES/SELTSAMSTES TRANSPORTSTÜCK ODER DEIN SELTSAMSTER AUFTRAG/FAHRTBERICHT?
8.00 FRÜH, KINDERBUCHTRANSPORT VOM 7. IN DEN 8. BEZIRK, JUNGE FRAU, FRISCH GEDUSCHT, IN WEISSEM BADEMANTEL, ÖFFNET MIR – BIN FAST OHNMÄCHTIG GEWORDEN.

VELOCE
521 17

Die Kammer

Wer in Österreich etwas tun will, braucht dafür nämlich einen Gewerbeschein. Immer schon. Weil sonst ja jeder daherkommen könnte, um einen Betrieb zu gründen. Etwa einen, bei dem man Güter per Bike transportiert. Die Veloces hatten sich eben nach dem Nike-Prinzip selbst erfunden: „Just do it" – und das wurde jetzt zum Problem.

„Wir sind irgendwann draufgekommen, dass man hierzulande zuerst fragen muss, ob man etwas tun darf", erinnert sich Paul Brandstätter. Doch weil es ihn und seine Kameraden nun eben doch schon gab, wollte er sich auch nicht wieder abschaffen: „Der Laden lief. Wir konnten unsere Rechnungen bezahlen. Die Fahrer verdienten Geld – und das Ganze begann, ein Beruf zu werden." Also ging der Gründer zum Bezirksamt im fünften Bezirk, um sich anzumelden – und einen Gewerbeschein zu beantragen.

Der Beamte blätterte in seinen Unterlagen – und schüttelte dann den Kopf: Persönlich tue es ihm ja leid – aber die Firma könne es nicht geben. „Das geht nicht, weil es gibt Sie nicht." Brandstätter war baff – und antwortete: „Oh ja, uns gibt es. Seit einem halben Jahr." Und dann kam der Satz, den Brandstätter wohl nie vergessen wird: Seine Firma könne es nicht geben. „Weil ein Radl hat ja keine Nutzlast." Und auf die käme es an, um festzulegen, welchem Kammersegment man die Boten zuordnen müsse: Speditionen? Botendienste? Sonstwas? Ohne Zuordnung gebe es keine Zugehörigkeit. Und ohne Zugehörigkeit keinen Gewerbeschein. Und ohne Gewerbeschein könne der Betrieb gleich wieder zusperren.

Ein bisserl verunsichert, gibt der Gründer zu, sei er da schon gewesen. „Die wussten ja jetzt, dass es uns gibt. Und dass wir keine Erlaubnis dafür hatten." Aber daran, den Betrieb einzustellen, dachte natürlich niemand.

Stattdessen wandte man sich an die Wirtschaftskammer – und fuhr ebenfalls ein. „Euch gibt es nicht – drum kann es euch nicht geben", lautete die Antwort.

Heute versteht Brandstätter wieso: „Das waren die Vertreter der Autoboten. Die hatten natürlich kein Interesse daran, uns zu legitimieren." Zum Glück konnte Veloce aber doch nachweisen, dass es Veloce gab: Gelbe Rucksäcke flitzten immer häufiger und dichter durch die Stadt. Und Presse und Fernsehen berichteten gerne und ausführlich über die neuen Wilden im Stadtverkehr. Und nach monatelangem Hin und Her gab es eben auch amtlich endlich ein neues Gewerbe. Fahrradboten.

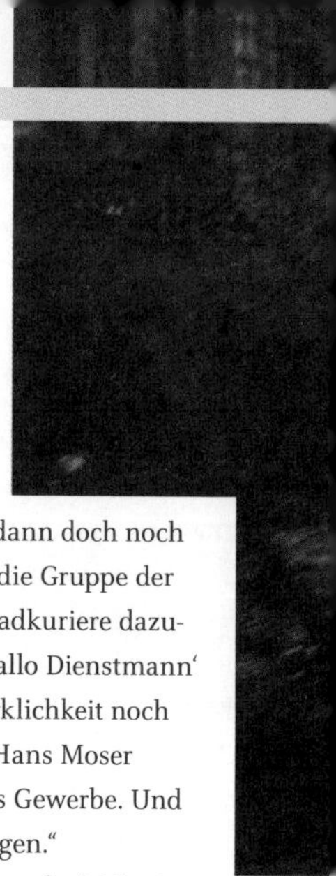

Einfach nur frech – oder doch „mit hängender Zunge"? Bote Janis war eher für die erste Deutung zu haben.

Aber zu den „echten" Botendiensten wollte man Veloce dann doch noch nicht lassen: In der Wirtschaftskammer entdeckte man die Gruppe der „Lastenträger und Botengeher" – und dort wurden die Radkuriere dazugereiht. „Ich kannte das nur aus Hans-Moser-Filmen. ‚Hallo Dienstmann' und so Sachen – ich wusste gar nicht, dass es das in Wirklichkeit noch gibt. Und natürlich haben wir uns gefragt, was wir mit Hans Moser gemein haben. Aber immerhin: Wir waren ein offizielles Gewerbe. Und konnten endlich ganz legal arbeiten und Leute beschäftigen."

Jahrelang hörte Veloce dann von der Kammer nichts mehr („Mit einer Ausnahme: Zahlen durften wir natürlich schon"), doch als der Betrieb dann größer war und Brandstätter überlegte, dass es vielleicht doch sinnvoll wäre, wenn er – mittlerweile einer der größten, wenn nicht der größte Botendienst der Stadt – auch zu den „echten" Botendiensten gehören würde, merkte er, dass „die an uns einfach nicht interessiert waren. Es gab hunderte Botenunternehmer – aber einen wollte man da nicht dabei haben. Der Grund war immer derselbe: ‚Ihr fahrt doch Fahrrad'."

Natürlich hielt das auf Dauer nicht. Und Veloce wurde – lange bevor das erste Auto für das Unternehmen fuhr – dann doch Mitglied der Sektion für Botendienste. Aber so richtig, lacht der Firmengründer, könne man sich wohl bis heute noch nicht mit ihm anfreunden: „2005 befand man, dass es wichtig wäre, die Mitglieder zusammenzuholen. Aber wie kriegt man in Österreich die Leute zueinander? Man verteilt Orden. Die Leute lieben das."

Also wurden Einladungen ausgeschickt. Auch an Paul Brandstätter: Weil er doch 15 Jahre lang erfolgreicher Unternehmer und Mitglied der Kammer sei, stünde nun eine Ehrung an. „Und weil das Wetter da wirklich wunderschön war, habe ich mir sogar am Tag selbst noch überlegt, ob ich da hin soll – und bin dann doch gegangen." Der Saal war voll. Brechend voll. „Mit Leuten, von denen jeder wusste, dass sie zum Teil seit Jahren nimmer in der Branche tätig sind. Aber Kammermitglieder waren sie eben doch noch." Die Ehrung nahm ihren Lauf. „Und irgendwann hab ich gemerkt, dass fast jeder im Raum nur da ist, weil er eine Ehrung kriegt." Jeder? Nicht ganz. Weder Veloce noch Paul Brandstätter wurden aufgerufen. Zwei Wochen später kam die Urkunde dann per Post. „Aber vor allen anderen haben sie es halt immer noch nicht übers Herz gebracht, zu sagen, dass wir da was geschafft haben, was super ist."

Botentreffen im Zentrum: Kimi (links) und Cazi auf dem Stephansplatz. Und natürlich schieben Boten ihre Räder im echten Leben hier – der Fotograf wollte die beiden aber nicht neben, sondern auf dem Rad.

Drogen und Sicherheit

Und auch wenn Brandstätter bis heute nicht so recht weiß, woran das liegt, weiß er, dass es ganz bestimmt nicht wegen der Transportgüter ist: „Die Frage, ob man Fahrradboten – oder andere Botendienste – auch als Drogenkuriere einsetzen könnte, kommt in Interviews so sicher wie das Amen im Gebet." Und die Antwort ist seit je immer die gleiche: Nein – auch wenn in Filmen immer wieder der dreadlockige Junge am Rad mit dem Dope in der Tasche durch die Stadt jagt, um eine Kiffer- oder Kokserrunde zu versorgen. „Im wirklichen Leben gibt es in der Stadt aber keine Drogenkuriere. Jedenfalls nicht in der Branche der Kurierdienste", erläutert der Bote. Wieso? „Ganz einfach: Bei uns ist der Absender bekannt. Immer. Bei uns wissen immer sehr viele Menschen, von wo und von wem etwas wohin und zu wem geht. Wir geben nichts in anonymen Postkästen ab, sondern persönlich. Und wir übernehmen auch alles persönlich. Das ist für einen, der Drogen oder illegale Dinge transportieren will, viel zu gefährlich. Da gibt es viel zu viele Menschen, die zumindest das Gesicht gesehen haben."

Freilich: Drogen kann man sich dennoch zustellen lassen. „Solches Zeug schickt man per Postkasten. An ein Postfach. Per Paket oder Brief. Da gibt es niemanden, der weiß, wer das aufgibt. Aber auch da gibt es Methoden, das zu filtern. Spürhunde etwa."

Heikle Dinge, erzählt der Radkurier-Gründer, gehören aber dennoch seit jeher zu seinem täglichen Brot. Akten und vertrauliche Dossiers machen zwar den Löwenanteil aus, sind aber dennoch eher unspektakulär. Zumindest im Vergleich zu einer Niere, die vom AKH ins Wilhelminenspital transportiert werden musste. Zu einer Transplantation und „quasi im Tupperwaredoserl", erinnert sich Brandstätter. „Ich weiß auch, dass es für so etwas eigentlich Spezialisten und Spezialtransporte gibt. Aber in dem Fall war das wirklich so. Das hat unheimlich schnell gehen müssen – und vorher ist auch wer anderer beauftragt worden, der aber ausgelassen hat – da hat man dann bei uns angerufen." Angst vor heiklen Aufträgen, so die Botschaft, habe man aber keine.

Obwohl das Wort „Angst“ dann Mitte der 90er Jahre plötzlich doch ins Botenleben schwappte: Es war die Zeit der Briefbomben. „Da hat man auch wahnsinnig aufgepasst. Und da wurden die Boten in jedem Büro kontrolliert.“ Aber auch hier gilt – wie bei den Drogen: „Eine Briefbombe schicke ich nicht mit einem Boten, bei dem genau erfasst wird, wer der Absender des Paketes ist – die schicke ich anonym. Also mit der Post.“

Doch etwa fünf Jahre später wurde Sicherheit dann wirklich zum großen Thema: „Das Thema hat nach den Terroranschlägen von 9/11 enorm an Wichtigkeit gewonnen. In gewissen Firmen kommt man heute wirklich nicht mehr bis an den Schreibtisch des Empfängers. Bei Medienbetrieben oder internationalen Unternehmen etwa – aber bei den kleinen Agenturen ist das nach wie vor so.

Für die Boten bedeutete das nicht nur Mühsal, sondern auch reale Einkommenseinbußen: Sicherheitschecks kosten Zeit – und Zeit ist Geld. Manche Unternehmen und Bürotürme versuchten dann mittels eigener Hausboten Tempo und Security auf einen Nenner zu bringen – aber so wirklich funktioniert das kaum irgendwo. Und weil Wien eben Wien ist, einigte man sich meist stillschweigend auf Kompromisse: Man kennt einander schließlich. Zumindest ein bisserl.

New York, New York

Als klar war, dass Veloce ein Erfolg war und bleiben würde, begann Brandstätter zu lernen. Aktiv und bewusst. Nicht nur in Kursen, Seminaren und an Universitäten, sondern auch im echten Leben. Etwa in New York – als Bote. „Ich wollte einfach sehen, wie das dort so funktioniert. Drum bin ich dort Anfang der 90er Jahre eine Woche selbst gefahren.“

Und die erste Erkenntnis lautete: anders. Ganz anders. Zum Ersten, weil es in den USA ein echtes Klassensystem gibt. Zumindest in den Stiegenhäusern: „Dort gibt es in den Büros etwas, was es früher in Europa in den Adelshäusern und in Palais gab: Dienstbotenstiegen. Und ob Zufall oder nicht: Dort kommen Fahrradboten praktisch immer aus sozial schlechteren Schichten. Die meisten waren Schwarze. Viele Outcasts, die sonst keinen Job finden konnten – und die benutzten dann eben die versteckten Stiegenhäuser und Lifte.“ Und das, was sich da in den 90er Jahren ein wenig aufzuweichen begonnen hatte, kam dann mit den Sicherheitsauflagen nach den Terroranschlägen wieder. Und wurde noch verschärft.

Aber dennoch ist es auch in New York so, dass der Fahrer in den Turm hinaufkommt. Und das ist insofern wichtig, als das Fahren in New York ganz anders funktioniert. Erstens: Man fährt weniger Rad – weil man viel mehr in den Hochhäusern unterwegs ist. In der dritten Dimension, dem Lift.

Zweitens: Fahrradboten bedienen nie ganz New York. Selten ganz Manhattan. Sondern meistens nur ein paar Blocks oder Straßenzüge. „Weil die Auftragslage und die Dichte der Firmen es zulässt, nur drei oder vier Blocks zu betreuen."

Drittens haben die Kuriere andere Räder als in Europa: Die meisten fahren Fixed-Gear-Bikes. Sogenannte „Fixies", also Räder mit starrer Achse und ohne Freilauf. „Man speckt ab, was geht – weil das die Diebstahlgefahr minimiert. Trotzdem nimmt jeder Bote sein Rad, wenn es irgendwie geht, bis in den 45. Stock mit." Fixies sind auf kurze Distanzen im flachen Gelände tatsächlich praktisch – aber auch in Wien werden sie gerade modern. Wenn auch aus anderen Gründen (mehr dazu im Kapitel „Hardware" ab Seite 123).

Der vierte große Unterschied ist das Transportgut: In New York transportierte man fast ausschließlich Schriftstücke, Fotos und (Anfang der 90er Jahre) Disketten. „Echte Gegenstände, die bei uns eben doch auch anfallen und durchaus Gewicht haben können, gab es dort kaum – darum haben die auch alle Taschen."

Und dann war da noch etwas: „Die Amerikaner fuhren langsam. Unendlich langsam – zumindest für unsere Verhältnisse." Am ersten Tag dachte der Österreicher noch, dass das aus Höflichkeit gegenüber dem Europäer geschah. Aber als das dann auch im Rest der Woche nicht besser wurde und man Brandstätter erstaunt ansah, als er ab dem dritten Tag dann in seinem Tempo fuhr, erkannte der Veloce-Gründer, dass New York zwar ganz bestimmt cooler und trendiger als Wien ist – die Realität aber eben doch mitunter ganz anders aussieht als das kolportierte Bild.

Stau als USP

In Wien wuchs und gedieh Veloce einstweilen prima. Mit Wachstumsraten, die andere vor Neid erblassen ließen. „Wir hatten jedes Jahr um hundert Aufträge pro Tag mehr als am Stichtag des Vorjahres", schwärmt Brandstätter von den ersten Jahren. Aus dem Kellerloch war man bald übersiedelt. Statt per Telefonzelle kommunizierten die Boten längst per Funk. Und die gelben Rucksäcke gehörten Mitte der 90er Jahre zum Stadtbild. So, als wären sie

FUNKNAME: ANTONIO

WIE LANGE BIST DU SCHON BOTE?
SEIT 1999

BESCHREIBE DEIN FAHRRAD: WELCHES? DIE 3 LETZTEN WURDEN GESTOHLEN

WIE VIELE KILOMETER SCHAFFST DU AM TAG? TAG 125 KM (DERZEIT 15–22)

WIESO BIST DU BOTE GEWORDEN?
ARBEITSLOS

DIE BESTE AUSREDE, WENN DICH EIN POLIZIST BEI IRGENDWAS ERWISCHT?
DIE 2 MÄDLS MIT DEN KAPUTTEN RÄDERN HABEN SIE NICHT GESEHEN, MEINEN RUCKSACK SCHON

WELCHE VERKEHRSREGEL WÜRDEST DU WIRKLICH NIE ÜBERTRETEN?
ROTE AMPEL, EINBAHN

DEIN SCHÖNSTES/SELTSAMSTES TRANSPORTSTÜCK ODER DEIN SELTSAMSTER AUFTRAG/FAHRTBERICHT?
TIEFGEKÜHLTE, TOTE KATZE (STRIPTEASE FÜR SEKRETÄRIN)

WOZU TAUGEN AUTOS IN DER STADT?
MEHR STAU, MEHR PROBLEME, MEHR KRANKENSTÄNDE, BESSERES DURCHKOMMEN MIT RAD

immer da gewesen. Doch auch die Stadt begann sich zu verändern: Die Öffnung der Ostgrenzen brachte Verkehrsströme nach Wien, an denen vor allem die Innenbezirke fast kollabiert wären. Auch die Pendler aus dem Umland lähmten den Stadtverkehr. Und die U3 fuhr noch nicht unter der Mariahilfer Straße. Die Stadt erstickte im Stau. „Hart formuliert: Das war super für uns – und der Umstand, dass wir durch den Stau gewonnen haben, belegt das Funktionieren kybernetischer Modelle: Wenn ein Faktor zu groß wird, entwickeln sich Dinge, die von dieser Unverhältnismäßigkeit profitieren. Doch auch die Stadt selbst musste reagieren, um nicht zu ersticken – und führte die Parkraumbewirtschaftung innerhalb des Gürtels ein.

Auch wenn Autofahrer und ihre Lobby immer noch jammern, dass der Verkehr heute stockender sei als Mitte der 90er Jahre, weiß Brandstätter, dass das Gegenteil wahr ist: „Damals war der Höhepunkt des Staus in der Stadt. Da ist kaum mehr was gegangen – heute sind die Radfahrer zwar immer noch viel schneller als die Autos, aber der Verkehr ist deutlich flüssiger geworden. Aber wir haben sehr genau registriert, dass sich die durchschnittliche Fahrgeschwindigkeit in Wien in der Innenstadt in den letzten Jahren wieder deutlich erhöht hat." Und ob er deswegen bei einem Blick nach Budapest lachen oder weinen soll, ist Brandstätter manchmal nicht ganz klar: Budapest steht nämlich derzeit dort, wo Wien ohne U-Bahn und Parkraumbewirtschaftung heute auch wäre: „Der Verkehr steht – auch auf der Fahrbahn. Und Budapest ist jetzt die Stadt mit den meisten Fahrradbotenaufträgen auf dem europäischem Kontinent."

Der ‚Sündenfall'

Doch das Wachstum brachte auch ins Büro der Radkuriere neue Einsichten, Zwänge und Erkenntnisse. Nicht zuletzt, weil sich mit den Verkehrsströmen auch die wirtschaftlichen Strukturen in der Stadt verschoben: Die Stadtkerne wurden vielen traditionellen Kunden zu eng. Am Stadtrand begann man Industriezonen aus dem Boden zu stampfen: Plötzlich gab es große Flächen zu günstigen Preisen mit guter Infrastruktur. Vor allem Druckereien waren es, die da aus der Fahrrad-Kernzone abwanderten. Und – bei aller Liebe zum Fahrrad – manchmal waren Minivan und PKW dann eben doch schneller. „Für uns hat sich da die Frage gestellt, wie wir damit umgehen wollen: Verlieren wir einen Kunden, verlieren wir auch dessen Kunden. Nicht nur die eine Druckerei, sondern auch alle, die einen dorthin schicken."

Und Mitte der 90er Jahre stand dann plötzlich die These im Raum, dass man – um die Fahrradboten zu erhalten – Autos einsetzen müsse. Der Teufel höchstselbst klopfte an die Tür. Der Sündenfall war damals heftig und emotionsreich umstritten – heute verteidigt Brandstätter die Entscheidung ganz pragmatisch: „Das klingt absurd, ist aber logisch: Wenn wir keine Autos eingesetzt hätten, wären wir heute ein ziemlich kleiner Botendienst und hätten viele Fahrradfahrten weniger." Als Fahrradbotendienst sieht er Veloce aber bis heute: „Wir setzen für die kurzen Strecken und die kleinen Sendungen das Fahrrad ein. Aber die großen und weiten Wege machen wir mit dem Auto."

Anfang der 90er Jahre war das nicht ganz so einfach. Einen „sehr dynamischen Prozess" nennt man so was im Managerdeutsch. Einige Leute, die von Anbeginn an bei Veloce dabei gewesen waren, wollten und konnten da nicht mit. Sie spalteten sich ab – und plötzlich hatte Veloce am Fahrradbotensektor Konkurrenten.

Die Frage, ob es wirklich Sünde war, den Startschlüssel eines Verbrennungsmotors umzudrehen, hat man bei Veloce zwar pragmatisch beantwortet – beschäftigt sich aber bis heute theoretisch damit. Weil Business und Ethik zwei interessante Spannungsfelder sind: „Es gab auch Dogmatiker, die gemeint haben, dass wir für manche Kunden keine Sendungen transportieren dürfen. Für bestimmte Parteien etwa." Den „alternativen" Boten und Funkern war das „Kapital" eben suspekt. „Schweinekonzerne" und rechte Parteien sowieso. Und schon bei den Bürgerlichen stellte es manchen die Nackenhaare auf: „Es hieß in Versammlungen immer wieder, dass wir keine Aufträge der ÖVP annehmen sollten – obwohl die im Unterschied zu Grünen und SPÖ ein großer Kunde von uns war", erinnert sich Brandstätter: Die Wirtschaftspartei hatte sich – als Josef Taus nach einer herben Wahlschlappe die Finanzen der Partei in Ordnung bringen musste – ganz pragmatisch dafür entschieden, ihre Zustellfahrten an denjenigen zu vergeben, der das beste Service in der kürzesten Zeit und zum besten Preis bot. Ob die Fahrer „schwarz" wählten oder nicht, war da vollkommen egal.

Brandstätter sah das pragmatisch: „Ich hab da jedes Mal gesagt: Auch jene, die ihr nicht mögt, sollen ihr Geld bei uns ausgeben." Viel härtere Diskussionen gab es aber darüber, ob man die FPÖ (es war die Zeit des ersten großen, unappetitlichen Anti-Ausländer-Wahlkampfes) oder Konzerne wie Shell oder Esso beliefern dürfe. „Wenn man da wirklich konsequent ist",

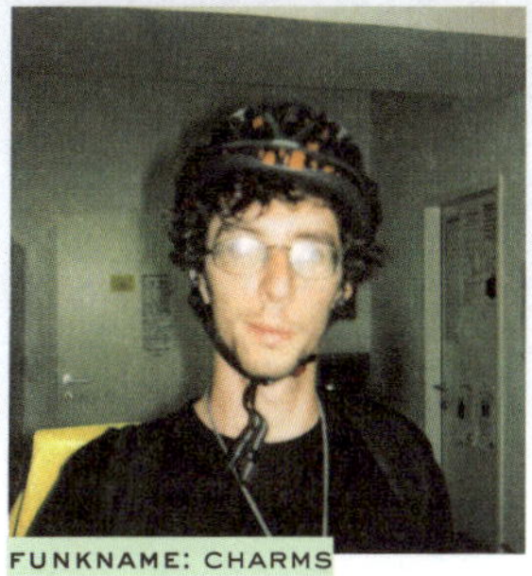

FUNKNAME: CHARMS

WIE LANGE BIST DU SCHON BOTE?
25. JUNI 2007

BESCHREIBE DEIN FAHRRAD:
DAS SCHÖNSTE TREKKINGFAHRRAD, DAS MARIN JE GEBAUT HAT

WIE VIELE KILOMETER SCHAFFST DU AM TAG?
MAXIMUM: 320 KM; DURCHSCHNITT: WOHL UM DIE 80–100

WIESO BIST DU BOTE GEWORDEN?
AUS GRÜNDEN DES FAHRRADFANATISMUS

DIE BESTE AUSREDE, WENN DICH EIN POLIZIST BEI IRGENDWAS ERWISCHT?
»ES GEHT UM DIE NATIONALE SICHERHEIT, ICH TAT ES FÜR MEIN LAND« (SPONTANE EINFÄLLE)

WELCHE VERKEHRSREGEL WÜRDEST DU NIE ÜBERTRETEN?
WAS GENAU MEINST DU MIT »VERKEHRSREGEL«?

DEIN SCHÖNSTES/SELTSAMSTES TRANSPORTSTÜCK ODER DEIN SELTSAMSTER AUFTRAG/FAHRTBERICHT?
EIN BLATT PAPIER INNERHALB DES 19. BEZIRKS 50 METER TRANSPORTIEREN

WOZU TAUGEN AUTOS IN DER STADT?
SIE VERSCHEUCHEN ZUMINDEST FUSSGÄNGER VON DER STRASSE.

Erinnerungen an die „Boten-Steinzeit“ ohne Funk: Diese Interpretation des Begriffs „Mobiltelefon“ setzte sich schlussendlich doch nicht durch.

meint Brandstätter, „fährt man am Ende nur noch für sich selbst – und was hätte dann die Umwelt davon? Die ersten Kunden haben wir ja wirklich im Öko-Umfeld gesucht – aber nicht gefunden. Da habe ich sehr schnell eines gelernt: Die konservative Wirtschaft hat uns gebucht. Die Alternativen nicht. Die Kreativen und Werber haben uns gebucht. Die hatten es ja am allereiligsten – und außerdem war das auch eine Imagesache.“ Die Fahrer aber fanden auch ein Schlupfloch: In den Werkverträgen stand, dass jeder Fahrer jede Fahrt ablehnen durfte. Aber trotz aller feurigen und idealistischen Diskussionen nahmen nur die wenigsten Fahrer diese Klausel auch in Anspruch.

Kommunikation und andere Revolutionen

Manche Dinge klingen heute unvorstellbar. Etwa dass die Boten zu Beginn der Fahrradbotenära sich von Telefonzellen aus in der Zentrale meldeten. Aber Ende der 80er Jahre gab es ein paar Dinge noch nicht überall. Handys etwa. Oder Faxgeräte. Und – ganz besonders – E-Mail. Aber bleiben wir beim Handy: Funkgeräte waren so groß, dass man sie gerade mal in Autos packen konnte – und die erste Funkanlage mit „Handgurken“ war ein Meilenstein in der Unternehmensgeschichte.

Für die Botendienste war das Aufkommen von Mobiltelefonen dann aber – ebenso wie für Taxiunternehmer – durchaus auch eine Herausforderung: Ohne Funkzentrale konnte man im Auto oder am Rad nicht mit dem Kunden kommunizieren. Und außerdem hat sich die Branche stark gewandelt, als jeder Fahrer ganz individuell Kunden Angebote legen konnte. Bei Taxis ist es ja deshalb auch in Wien mittlerweile üblich (wenn auch nicht ganz legal), sich mit den Fahrern des persönlichen Vertrauens individuelle Tarife auszuhandeln. In der zweiten Hälfte der 90er Jahre jedenfalls hatte plötzlich jeder ein Handy. Und das hat die Botenszene radikal verändert. Die großen Funkbotenzentralen gerieten unter Druck: Auto und Führerschein und Handy reichten plötzlich – und der Auto-Bote sagte dem Kunden: „Ich mache dir die Fahrt billiger, weil privat.“ Der Effekt war klar: Plötzlich gab es unheimlich viele Kleinstunternehmer. Die Preise kamen ins Schleudern. Aber nach und nach verschwanden die meisten Ein-Mann-Betriebe wieder vom Markt: Allein konnten sie die von den Kunden geforderte Zuverlässigkeit nicht garantieren. Bei den Fahrradboten, erzählt Brandstätter, „war es ähnlich, aber weniger schlimm.

Ein paar Boten haben sich Dauerkunden als Privatfahrer mit Handy angeboten.“ Das sorgte zwar für Irritationen, war aber nur ein Vorgeschmack auf das, was dann kommen sollte. Denn das neue Jahrtausend revolutionierte die Kommunikation dann endgültig. E-Mail hatte es zwar schon zuvor gegeben, aber als Massenkommunikationsmittel war es erst rund ums Millennium relevant geworden. Und im Gegensatz zum deutlich älteren Faxgerät spürte die Branche das tatsächlich: „Beim Faxgerät haben alle gesagt, dass das der Tod der Boten sein würde – aber ich habe das nie geglaubt“, referiert Brandstätter. In New York hatte er genau darauf geschaut, was da wo und von wem transportiert wurde – und ob man das auch per Fax hätte machen können: „Jede Technologie braucht eine gewisse Marktpenetration, um sich durchzusetzen. Und beim Fax war die lange Zeit nicht groß genug: Man wusste einfach nicht, ob der, dem man etwas schicken wollte, tatsächlich ein Fax hatte – das war in Österreich zunächst nicht der Fall.“ Auch ISDN-Leitungen waren teuer und nicht weit genug verbreitet. Bei E-Mail aber war das anders: Computer standen schließlich schon auf jedem Tisch.

Der Markt begann zu bröckeln und zu zerfallen. Und dann kam der zweite Schlag: Die IT-Blase platzte. All die großartigen dotcom-Firmen, die viermal am Tag Boten ausgeschickt hatten, um Sushi zu holen, gab es plötzlich nicht mehr. Und auch die Kreativ- und Werbeszene brach ein. „Die Wirtschaft schrumpfte – und ganz massiv in dem Bereich, den wir betreuten. Die kleinen Sendungen, also das Fahrradgeschäft, sind sicher um 50 Prozent zurückgegangen. Aber wir haben uns eben auf andere Geschäftsfelder erweitert.“

Neue Geschäftsfelder

Wien, hatte man bei Veloce nämlich schon bald bemerkt, ist schließlich keine Insel. Auch wenn es die Wiener manchmal glauben. Und deshalb kam es durchaus vor, dass Transportstücke auch anderswohin geschickt werden mussten. Nach Graz etwa. Oder nach Salzburg. Oder in andere

Städte, in denen Menschen in der Lage waren, Rad zu fahren. Veloce hatte schon früh begonnen, in anderen Städten Fahrradbotendiensten beim Entstehen zu helfen. „Wir stellten Logistik und Rucksäcke" ist Paul Brandstätters Formulierung. Die Schlüsselzahl für die Rentabilität eines Radkurierdienstes setzte man bei 100.000 Einwohnern an. Heute liegt diese Zahl – dank E-Mail – bei etwa 200.000 Menschen.

Man vernetzte sich also – und zwar weitestgehend ohne Auto: „Kunden fragten, ob man etwas nach Salzburg oder Innsbruck transportieren könnte. Klar: Man setzt sich ins Auto und fährt mit einem Brief von 20 Gramm in einem eine Tonne schweren Auto 500 Kilometer. Kein Problem. Aber wir haben uns was anderes überlegt." Schließlich gibt es ja auch noch die ÖBB. Und die hatten (und haben) da ein Produkt im Portfolio, das sich „Bahn Express Kurier" nannte: Kleine Sendungen nimmt der Zugbegleiter mit – und in Salzburg oder Innsbruck muss das nur wer vom Zug abholen. „Diese Logistik haben wir mit befreundeten Botendiensten entwickelt und ‚Veloline' genannt. Das gab es entlang der Intercity-Verbindungen", erzählt Brandstätter. Und als die Frequenz dieser Aufträge stieg, kamen auch Botenfahrten in abgelegeneren Städten dazu: Damit wurden andere Kurierdienste in anderen Städten beauftragt. „Die waren unabhängig, aber von uns kam das Know-how und die Anfangsunterstützung." Und ohne es wirklich zu planen, hatte Paul Brandstätter begonnen, ein Netzwerk zu knüpfen. Zuerst nur in Österreich. Aber 1995 wurde auch über die Grenzen geknüpft: Österreich war schließlich jetzt bei der EU – und plötzlich gab es kein „Ausland" mehr, sondern einen gigantischen Markt. Das Produkt hieß „Worldline". „Und das", lacht Brandstätter, „hatte dann nur noch sehr wenig mit Fahrradkurieren zu tun: Die Sendungen wurden sukzessive größer – und Tempo und Entfernungen stiegen." Heute firmiert dieses internationale Express-Logistik-Angebot unter „GO! Express & Logistics" und man ist österreichischer Partner des gleichnamigen europäischen Netzwerks und hat eigentlich nur noch aus einem Grund mit Veloce zu tun: Der Chef heißt Paul Brandstätter. „GO! macht heute mehr Geschäft und Umsatz als Veloce. Wir sind in Österreich flächendeckend vertreten, haben eine Filiale in Bratislava – demnächst kommen auch Ungarn und Slowenien dazu – und sind an internationale Netzwerke angeschlossen."

Veloce – das heißt auf Italienisch schnell, steht aber auch für Fahrrad. Und die Vokale klingen bei jedem Wetter gut.

Winter am Wilhelminenberg

Konkurrenz und Konflikte

Das Wort, das Manager für derartige Entwicklungen gerne verwenden, ist „dynamisch". Aber klar ist auch, dass derlei Prozesse nicht konfliktfrei verlaufen. Erst recht nicht, wenn man angetreten ist, um mit einem ökologisch korrekten Projekt im Umfeld der Alternativszene die Welt zu retten. Oder zumindest dabei mitzuhelfen.

Die ersten heftigen Diskussionen gab es, als Veloce die ersten Autos anschaffte. Das war Anfang der 90er Jahre – und als Resultat wurde ein Fahrradbotendienst gegründet, der sich der „reinen" Lehre verschrieb: „Hermes" – basisdemokratisch strukturiert und mit einem für alle gleichen Einkommen. Später – um 1993 – gründeten Veloce-Mitarbeiter dann die Fahrradbotendienste „Go" (nicht zu verwechseln mit „GO! Express & Logistics") und „Direkt": Man sah, dass das Konzept funktionierte und der Markt groß genug war. So etwas passiert in jeder Branche und gibt allen einen kleinen, anspornenden Tritt: Allein als Platzhirsch zu agieren verleitet zu Bequemlichkeit.

Das Interessante an all diesen Entwicklungen, meint Paul Brandstätter, sei aber etwas ganz anderes: „Alle größeren Botendienste, die nicht mindestens ein Fahrrad auf der Straße haben, haben nicht überlebt. Heute haben alle Botendienste Elemente unseres Konzeptes übernommen. Die Spin-offs von Veloce gehören mit uns zu den großen Botendiensten." Und nur einer von denen, die vor Veloce die Stadt belieferten, ist heute noch relevant: der „Blitzkurier". Und auch der hat mittlerweile eine Hand voll Radfahrer in der Wiener Innenstadt im Dienst.

Ab 1993 gab es aber eben auch verstärkt kritische Stimmen zu Veloce: „Es gab die Tendenz zu sagen, dass Veloce groß und kapitalistisch geworden sei. Dass da die Ideale über Bord geworfen worden wären", weiß auch Paul Brandstätter. Es gab plötzlich die kleine große internationale Schwester. Und Autofahrer. „Das sind andere Leute als die Radfahrer. Die denken anders, reden anders und leben anders." Und als dann das Internet groß wurde und aus dem Wachstum ein schrumpfender Markt wurde, schlug sich das auf die Stimmung nieder: Man war keine große, glückliche Familie mehr – sondern ein Betrieb. Mit ordentlichem Konfliktpotenzial.

DER STREIK

Heute kann Paul Brandstätter schon entspannt auf jene zwei Wochen im Frühjahr des Jahres 2004 zurückblicken. Und auch viele der Fahrer, die damals einen der wenigen „echten" Streiks im traditionell streikfaulen Österreich austrugen, können heute wieder ohne Magengrimmen mit Brandstätter reden. Oder für Veloce fahren. Aber damals, als bei Veloce gestreikt wurde, war das nicht ganz so entspannt.

Aber der Reihe nach: In jenem Frühling waren ein paar Faktoren zusammengekommen: Die IT-Blase war geplatzt und hatte etliche wichtige Kunden von Veloce ausradiert. E-Mail und Web waren den Stadt-Stramplern auch erstmals spürbar in die Quere gekommen. Und darüber hinaus war Veloce mittlerweile ein etablierter Betrieb – in dem verschiedene Menschen verschiedene Interessen verfolgten: Da waren zum einen die Radfahrer – nach wie vor die jungen, wilden, unangepassten Draufgänger. Dann gab es die Mitarbeiter in der Zentrale: mittlerweile doch auch schon langjährige Angestellte – und (auch wenn sie es nicht hören wollten) Büromenschen im weitesten Sinne, denen der Sinn nicht mehr nur nach Spaß und Revolution stand, sondern die über Dinge wie Pensionssicherung, Ratenzahlungen für die Wohnung und die Kosten der Zahnspangen ihrer Kinder nachdachten.

Dann waren da die Autoboten. Menschen, die durchschnittlich 10 Jahre älter als die Radfahrer waren – und schon allein wegen der Kosten ihrer Hardware – der Autos – anders dachten und tickten als die Radler. Und dann waren da auch noch die Leute vom internationalen Logistik-Netzwerk, die „GO!-Express & Logistics"-Mitarbeiter. Die arbeiteten und lebten in einer ganz anderen Welt als die lokale, spontane Radlerszene. Insgesamt waren das etwa 250 Menschen: 200 Radfahrer. 25 Menschen in der Zentrale. Und gut zwei Dutzend Autoboten. Und dann war da auch noch Paul Brandstätter: „Das Veloce-Werkel lief eben nicht zu meiner Zufriedenheit, ich trieb die „GO!-Expansion" in Österreich voran und war vielleicht zu wenig präsent. Und die Welt „draußen" bereitete sich ebenfalls auf Konflikte vor: In ganz Österreich waren die sogenannten „freien Dienstverhältnisse" Thema intensiver politischer Diskussionen. Weil da plötzlich auch Pensions- und Sozialabgaben bezahlt werden mussten – und sich viele, vor allem junge, McJobber fragten, wieso sie da plötzlich für Sozialleistungen, die sie nie in Ansprüche nehmen würden können, Abzüge zu gewärtigen hätten. Und auch auf Unternehmerseite klagte man: Die unkomplizierten (und billigen) Werkverträge wurden plötzlich mühsam. Und teurer.

Die soziale Absicherung von auf Werkvertragsbasis arbeitenden Menschen interessierte plötzlich auch eine Organisation, die sich zuvor über Jahrzehnte fast ausschließlich um die Interessen ihrer Stammklientel gekümmert hatte. Weil der Gewerkschaft aber die jungen Mitglieder fernzubleiben begannen, entdeckte man irgendwann auch einen der Gründe: Die Jungen arbeiteten oft gar nicht als Angestellte – sondern als freie Dienstnehmer. Mal hier, mal dort. Und waren deshalb kaum zu fassen oder zu orten.

Mit einer Ausnahme: Die knallgelben Rucksäcke, die da durch die Stadt flitzten, die kannte jeder. Aber wie und unter welchen rechtlichen Bedingungen diese Leute arbeiteten, das wusste keiner. Doch das sollte sich ändern. Sehr rasch sogar.

Zwei Aspekte kamen im Frühling 2004 zusätzlich dazu: Zum einen standen Wahlen zur Arbeiterkammer an. Zum anderen plante Veloce, die Tarife zu erhöhen. Und die Fahrer fragten, wie sich diese Preissteigerung auf ihre Bezahlung auswirken würde. Und wenn man den Chef was fragt, worüber man eventuell auch ein bisserl streiten muss, ist es ganz gut, sich vorher zusammenzuschließen. All diese Faktoren führten dann im April 2004 zu einem denkwürdigen Treffen im Café Heumarkt gleich neben dem Stadtpark: 30 oder 40 Boten schmiedeten Streit-Pläne (wohlgemerkt mit t, nicht mit k) und hatten sich dafür Hilfe und Beratung durch die Gewerkschaft gewünscht. Dass dort aber Hans Sallmutter persönlich – damals Chef der GPA – einen Auftritt als kämpferischer Arbeiterführer hinlegen würde, hatte so niemand vorhergesehen.

Die Worte des Gewerkschaftschefs fielen auf fruchtbaren Boden: Boten sind temperamentvoll. Und die Stimmung war ohnehin schon schlecht. Und außerdem sorgte die Presseabteilung der Gewerkschaft dafür, dass die Bilder und Worte vom ausbrechenden Arbeitskampf in ganz Österreich verbreitet wurden. Das Bild hätte ja schöner nicht sein können: Da waren zum einen fesche, aber eben doch im Schweiße ihres Angesichtes malochende junge Menschen, die durch Wind, Wetter und Staub mussten, um andere zu bedienen – das waren die Guten. Dann war da die Geschäftsführung, die nicht schwitzte, sondern schwitzen ließ. Und zwar ohne Pensionsanspruch und ohne richtigen Betriebsrat. Das waren die Bösen. Und dann war da die

FUNKNAME: DAPINA

WIE LANGE BIST DU SCHON BOTE?
NOVEMBER 2006

BESCHREIBE DEIN FAHRRAD:
TREKKING-BIKE

WIE VIELE KILOMETER SCHAFFST DU AM TAG?
80

WIESO BIST DU BOTE GEWORDEN?
ÜBERBRÜCKUNG

DIE BESTE AUSREDE, WENN DICH EIN POLIZIST BEI IRGENDWAS ERWISCHT?
NOCH NIE PASSIERT

WELCHE VERKEHRSREGEL WÜRDEST DU WIRKLICH NIE ÜBERTRETEN?
GESCHWINDIGKEITS-BESCHRÄNKUNG

DEIN SCHÖNSTES/SELTSAMSTES TRANSPORTSTÜCK ODER DEIN SELTSAMSTER AUFTRAG/FAHRTBERICHT?
5 ZUSTELLUNGEN IN WARMHERZIGE ATMOSPHÄRE

WOZU TAUGEN AUTOS IN DER STADT?
ABGASE, LÄRM, ANGEBEREI

Gewerkschaft, die zeigen konnte, dass sie keineswegs auf dem hohen Ross saß, die Arbeiter vergessen hatte und nur ihre eigenen Bonzen versorgte: Der Chef selbst war herabgestiegen zu den kleinen Laufburschen auf der Straße. Das war der Retter.

„Das Gute an der Sache war", erinnert sich Paul Brandstätter heute, „dass ich zum ersten Mal begriffen habe, wie stark die Marke Veloce mittlerweile ist. Wenn sich die Gewerkschaft diese Firma rauspickt, um ein Exempel zu statuieren. Die mussten ja jemanden suchen, den man nicht erst erklären muss, sondern den man kennt." Und als der Streik ein paar Tage später losging, kannte man Veloce bis ins hinterste Tal Vorarlbergs.

14 Tage lang wurde der Botendienst bestreikt. Allerdings nicht lückenlos: Die Autoboten fuhren. In der Zentrale wurde gearbeitet. Und auch knapp ein Fünftel der Radfahrer fuhr Doppel- und Dreifachschichten. Veloce war in aller Munde – und die Kunden waren verunsichert.

„Ich hatte Angst. Denn es war nicht sicher, ob die Firma das überlebt, wenn eine Millionen-Mitglieder-Organisation sich auf sie stürzt", blickt Brandstätter zurück – und wundert sich bis heute darüber, dass die Gewerkschaft dann einen schweren taktischen Fehler beging: „Es gab da eine mündliche Zusage, dass man den Fahrern Streikgeld auszahlen würde. Und die Fahrer waren von uns gewohnt, dass mündliche Zusagen eingehalten werden. Aber das dürfte da eben nicht hingehaut haben."

Man setzte sich – ohne Gewerkschaft – zusammen. Und in der dritten Woche war von Streik und Streit dann keine Rede mehr: Der Großteil der Fahrer fuhr wieder. Die meisten Kunden kamen binnen weniger Tage zu Veloce zurück. Aber das, meint Brandstätter, war nicht das Wichtigste: „Veloce hatte die Pubertät hinter sich gebracht."

Erwachsensein

Der Streit und der Streik brachten nämlich Klarheit. Nach innen wie nach außen: „Seither ist endgültig klar, dass Veloce Gewinn machen darf. Auch, dass das nicht von Haus aus schlecht ist." Und all die Debatten, die unter der Oberfläche seit der Gründung des Fahrradbotendienstes schwelten, waren beendet, sagt Paul Brandstätter: „All das war nachher nie mehr ein Thema. Ich vergleiche das mit der Pubertät – da geht man durch die Hölle, ist aber nachher ein Mensch, der weiß, wo er steht und was er will. Drum ist das alles auch wichtig und notwendig gewesen – denn der Effekt war positiv."

Veloce ist nicht zu bremsen

Fahrradbotendienste sind oft schon schneller und immer umweltfreundlicher als Autos

Es begann in einem kleinen Kellerlokal mit zwei Telefonen, einem Fahrrad und zwei Mitarbeitern – der eine telefonierte, der andere fuhr. Mittlerweile ist die Veloce-Zentrale einen Stock höher … mehrere Tele… …ite, fünf Ange… …er und ist da-

ruf (505 12 12) genügt un… von der Zentrale verstän… rer ist in fünf bis fünfundv… beim Auftraggeber. D… (Luftlinie) Fahrtweg kost… weitere Kilometer 20 S. … Fahrer transportieren … beinahe alles. Toupets, …

Diese Positionsbestimmung, betont der Firmenchef, habe aber nicht nur in der Firma stattgefunden, sondern auch in ihm selbst: „Ich habe die Alternativszene endgültig verlassen. Ich war professioneller Unternehmer. Und ich habe gelernt, wie man mit Konflikten und solchen Situationen umgeht. Das war für Veloce der Durchbruch zur Reife."

Und heute?

Bei Veloce selbst änderte sich in den Strukturen nach dem Streik wenig. „Eigentlich blieb alles wie vorher", betont Brandstätter. Der Fahrradbotendienst ist heute kleiner als 2004. Auch, weil der Markt geschrumpft war: Statt 800 Aufträgen pro Tag sind es nun „nur" noch 700. Man macht mit 100 Fahrern und 15 Leuten in der Zentrale jährlich etwa 2,5 Millionen Euro Umsatz. Und statt in der Zone zweistelliger Wachstumsraten bewegt man sich im soliden einstelligen Bereich: „Der Markt ist von uns und unseren Mitbewerbern eben gut erschlossen."

Dazu kommen noch City-Logistik-Aufträge, also Fahrten, bei denen nicht das Tempo, sondern die regelmäßige und/oder pünktliche Zustellung in bestimmten Zeitfenstern wichtig ist: Reisebüros wollen Tickets zugestellt haben, große Bankkunden brauchen täglich ihre Belege in der Rechnungsabteilung – und Kindergärten wollen das Mittagessen pünktlich auf dem Tisch stehen haben. „Das sind in Summe etwa 300 Aufträge am Tag", erklärt Brandstätter.

Außerdem boomt mittlerweile ein weiteres Nebengeschäftsfeld der Fahrradboten: Seit fast zehn Jahren betreibt Veloce ein Visum-Service. Anfangs eher zufällig, heute aber hochprofessionell: Als Kunden begannen, Fahrradboten mit Pässen ihrer Mitarbeiter zum Visum-Holen zu Botschaften zu schicken, erkannte Veloce die Marktlücke. „Das Anstellen und Warten war das eine. Aber wir haben dann erkannt, dass die meisten Leute dann Formulare falsch ausgefüllt haben oder sonst was nicht passte. Und dass das eine Dienstleistung ist, die wir professionell erbringen können." Denn der Weg durch die Einreiseantragsformalitäten braucht tatsächlich Spezialisten. Auch, weil Konsulate es oft darauf anlegen, es Antragstellern nicht leicht zu machen – und was einen Urlaubsreisenden da nur Zeit und Nerven kostet, kann bei großen Unternehmen, Wirtschaftsdelegationen oder „österreichischen Fußballmannschaften, wenn sie einmal im Ausland spielen dürfen" (Brandstätter) nicht nur teuer, sondern

…ler Faust, son… …nhaut«, meint …ller.

merl« (für das Veterinärm… stitut), Taucheranzüge, Haustorschlüssel (zu A… und 60 Aspirin, zehn F… zwei »Doppler« und …

Zehn Minuten klopfen, bitte

auch geschäftsschädigend werden. Aber auch die Botschaften sind mittlerweile froh, dass da nicht 100 Personen mit falsch ausgefüllten Anträgen, sondern ein oder zwei Makler im Vorzimmer stehen: „Die sparen sich Zeit und Mühe – und empfehlen uns den Antragstellern deshalb von sich aus." Mittlerweile ist Veloce auch in diesem Geschäftsfeld nicht mehr allein. „Es gibt schon ein paar Nachahmer – aber mit über 150 Aufträgen am Tag sind wir der größte Anbieter."

Eines hat sich nach dem Streik von 2004 in der Veloce-Zentrale dann aber doch geändert: Die Global-Logistiker von „GO! Express & Logistics" sind ausgezogen. Die doch komplett unterschiedliche Aufgabenstellung der beiden Unternehmen habe das sinnvoll gemacht, erklärt Brandstätter. Der internationale Expresslogistikdienst bekam in Wien-Liesing eine neue Heimat. Mit großen Lagerflächen und besseren Anbindungen an die „großen" Verkehrsträger, Autobahn und Flughafen. „Das ist ein anderer Markt, in dem man anders auftreten muss", sagt Paul Brandstätter. „Und die Konkurrenten sind nicht ehemalige Mitarbeiter oder Leute, die man kennt, sondern Unternehmen wie DHL oder UPS – also echte Global Player."

Heute ist das GO!-Austria-Netzwerk, das Niederlassungen in ganz Österreich, der Slowakei und Ungarn hat und europaweit an Partnernetzwerke angebunden ist, längst umsatzstärker als Veloce: 35 Mitarbeiter und 100 Fahrer erwirtschaften einen Jahresumsatz von acht Millionen Euro. Tendenz steigend. „Es ist spannend, eine Unternehmensgruppe aufzubauen – und wird immer aufregender."

Aber war da nicht noch was?
1987 gründeten vier Männer einen Verein – aber heute steht da nur noch Paul Brandstätter. „Wahrscheinlich ein ganz normaler Prozess", sagt der Firmeninhaber heute dazu – zumindest wenn er über zwei der Mitgründer spricht: Christoph Riha und Stephan Lanner verließen Veloce, weil sie andere Ziele hatten. Hill, Helmut Slachta, lebt nicht mehr. Im Herbst 1992 wurde der Architekt, der das meiste Know-how in die Gründung des Betriebes einbrachte, auf dem Weg zu Veloce auf seinem Rad von einem Autofahrer im Nebel übersehen, erfasst und überrollt. Hill war sofort tot.

Hills Tod war – wenn auch nicht im „offiziellen" Dienst – bisher der einzige Todesfall am Rad in der Geschichte von Veloce. Schwere Unfälle gab es allerdings einige. Doch auch wenn die „vielleicht zehn Spitalsaufenthalte

Eines der letzten Bilder von Helmut „Hill" Slachta

in den letzten 20 Jahren" eigentlich eine Erfolgsbilanz darstellen, kann sich Brandstätter in diesem Fall das Wort „super!" nicht wirklich abringen: „Ich werde das Gefühl nie vergessen, das ich hatte, als ich das erste Mal einen Fahrer im Krankenhaus besuchte. Der hatte einen klassischen Unfall gehabt. Ein Autofahrer hatte einfach die Tür aufgerissen und nicht nach hinten geschaut – der Bote hatte keine Chance gehabt und war voll in die Tür geknallt. Er lag mit einem Oberschenkelbruch da – und ich war der Typ, der ihn auf die Straße geschickt hatte. Das ist kein gutes Gefühl."

Auffällig, so Brandstätter, sei aber doch eines: Die Zahl der Unfälle gehe zurück. Insbesondere jene, bei denen Autos involviert sind. „Das liegt vielleicht auch daran, dass die Autofahrer sich mittlerweile daran gewöhnen mussten, dass es auf der Straße auch Radfahrer gibt."

Vor 20 Jahren, als er das erste Mal im Souterrainlokal am Mittersteig den Boden aus gestampfter Erde sah, sagt Paul Brandstätter, hätte er sich nicht vorstellen können, was aus diesen kleinen Anfängen einmal entstanden sein würde: „Vor 20 Jahren hätte ich vermutlich jedem, der all das prognostiziert hätte, nur eines gesagt: ‚Du spinnst'."

Einer der vier Gründer: Lanner, 20 Jahre nach dem Start von Veloce: „Im Nachhinein hat das für mich total gepasst."

::: GEDANKEN EINES MITGRÜNDERS

Jede Medaille hat zwei Seiten. Mindestens. Auch die Sicht auf die Geschichte von Veloce: Stephan Lanner war einer der vier Gründer von Veloce – und stieg 1991 aus. Weil, erzählt er, es ihm immer nur um die Idee ging – und er sich selbst nie als Geschäftsmann sehen wollte.

Heute ist das alles sehr weit weg. Ich bekomme von Veloce nur das mit, was öffentlich wahrnehmbar ist: Ab und zu gelbe Rucksäcke auf der Straße. Und als vor ein paar Jahren der Streik in allen Medien vorkam.

Ich habe Veloce aber schon 1991 verlassen. Also im vierten Jahr. Ob ich heute ein wohlhabender Mann wäre, kann ich deshalb nicht sagen: Als ich ausgestiegen bin, sagten die Bücher immer, dass es sich eben gerade so ausgeht, aber kein echtes Geschäft ist.

Wir haben Veloce ja zu viert gegründet. Das waren vier sehr spezifische Persönlichkeiten – jeder mit individuellen Qualitäten und Defiziten. Aber nachdem Hill dann gestorben ist, hat sich die Dynamik in der Gruppe verändert. Weil Hill doch eine sehr spezielle Rolle gehabt hat, er war so etwas wie der Übervater, der vereinende Faktor. Wenn der wegfällt, brechen Konflikte auf.

Aber das ist vermutlich in anderen Gruppen auch so: Wenn da plötzlich einer weg ist, entwickelt sich eine neue Dynamik, alle positionieren sich neu – das war wohl bei uns auch so.

Ich bin sicher mit Gram im Bauch ausgestiegen. Zumindest war das im ersten Moment so: Ich hatte ein Jahr zuvor mein Studium an der Boku an den Nagel gehängt. Ich habe dort Landwirtschaft studiert und war schon bei der Diplomarbeit – und habe eben geglaubt, jetzt Fahrradbotendienstunternehmer zu werden. So gesehen war der Ausstieg eine Enttäuschung.

Aber im Nachhinein hat es gepasst. Sehr gut gepasst sogar. Denn ich hätte mit der Kommerzialisierung des Unternehmens bestimmt große Probleme gehabt. Und hätte wohl nicht mitgehen können. Speziell die Sache mit den prekären Arbeitsverhältnissen wäre mir ein Dorn im Auge: Zu meiner Zeit waren da ja nur wenige Profis, die sozusagen hauptberuflich gefahren sind. Für die meisten Fahrer war das einfach ein kleiner Nebenjob – heute ist das notgedrungen anders. Und Veloce war für mich primär die Idee von der ökologischen und guten Tat: Ich hätte mit der notwendigen Professionalisierung des ganzen Betriebes massive Probleme gehabt.

Und in der Zeit, als ich ausstieg, stand es eben auf der Kippe: ob Veloce ein reines Öko- und Gutmenschenprojekt bleibt – oder den Weg eines echten Unternehmens einschlägt.

Im Nachhinein hat das für mich aber total gepasst. Eineinhalb Jahre später habe ich eine Tochter bekommen. Und als Unternehmer hätte ich nie die Rolle eines engagierten Vaters in dem Ausmaß wahrnehmen können, wie ich es immer wollte. Ich habe dann auch mein Studium abgeschlossen und es haben sich völlig neue Möglichkeiten für mich aufgetan, die sich sonst nie ergeben hätten. Heute bin ich in der EDV-Branche tätig, als Systemspezialist.

Der Rückblick auf Veloce – aus dieser wirklich großen Distanz, die ich mittlerweile dazu habe – ist aber trotzdem toll. Das ist das Gefühl, etwas Neues gemacht zu haben. Mit der Erste gewesen zu sein. Fahrradkuriere gab es nur in London. Aber wir haben das in Wien auf die Beine gestellt. Das ist ein tolles Gefühl: Wir sind Pioniere – und öko ist es auch noch. Das kann uns keiner wegnehmen – die Idee ist das, was zählt.

Darauf bin ich sehr stolz. Auch darauf, dass wir einen massiven Beitrag zur Popularisierung des Radfahrens in der Stadt geleistet haben. Ich habe erst viele Jahre später so wirklich realisiert, wie gut diese Idee in die Zeit gepasst hat. Auch, dass wir echte Pioniere waren und dass ich da bei etwas ganz Neuem dabei war. Ganz am Anfang. So passt das auch sehr gut in meine Biographie: Ich bin und war nie der Unternehmer.

Ich könnte mich in einem kommerziellen Unternehmen nicht in dem Maße und mit den Themen einbringen, die mir wichtig wären. Und der Typ, der sich mit 45 Jahren zurückzieht und nur noch Musik macht, während andere seine Anteile an einem Unternehmen managen, bin ich auch nicht. Das passt also schon gut so, wie es heute ist: Ich war ein kämpferischer ARGUS-Aktivist, der etwas Neues mit dem Fahrrad in der Stadt aufziehen wollte. Ich wollte zeigen, dass etwas geht – als Projekt. Dass das wirklich ein Markt ist, also großes Geschäft, haben wir ja erst viel später erkannt. Ungefähr dann, als der erste große Autobotendienst Mopeds oder Motorräder einsetzte – um nicht zu viel Markt an uns zu verlieren. Aber das war eben nie meine Art zu denken.

Die Frage, was ich Veloce heute, zum 20. Geburtstag wünsche, kann ich deshalb auch nicht wirklich beantworten. Das überfordert mich beinahe. Weil das, was da heute passiert, mit dem Anfang nur noch sehr wenig zu tun hat: Damals war das eine idealistische Idee – und heute ist das ein Geschäft.

BOTENECKE:

FUNKNAME: COMIX

WIE LANGE BIST DU SCHON BOTE?
SEIT SEPTEMBER 2002

BESCHREIBE DEIN FAHRRAD:
MTB, BLAU, WEISS, SCHWARZ, SLICKBEREIFUNG

WIE VIELE KILOMETER SCHAFFST DU AM TAG?
KEINE AHNUNG; ICH FAHRE OHNE TACHOMETER

WIESO BIST DU BOTE GEWORDEN?
WEGEN DER SPORTLICHEN HERAUSFORDERUNG UND UM EIN HOBBY ZUM BERUF ZU MACHEN

DIE BESTE AUSREDE, WENN DICH EIN POLIZIST BEI IRGENDWAS ERWISCHT?
ICH LASSE MICH NICHT ERWISCHEN

WELCHE VERKEHRSREGEL WÜRDEST DU WIRKLICH NIE ÜBERTRETEN?
MIT DEM RAD AUF DIE AUTOBAHN FAHREN

DEIN SCHÖNSTES/SELTSAMSTES TRANSPORTSTÜCK ODER DEIN SELTSAMSTER AUFTRAG/FAHRTBERICHT?
FAHRT VON KÄRNTNER RING 15 NACH KÄRNTNER RING 15 IN DEN 2. STOCK

WOZU TAUGEN AUTOS IN DER STADT?
DIE KONKURRENZ AUF DER STRASSE

::: DAS RICHTIGE PRODUKT ZUR RICHTIGEN ZEIT AM RICHTIGEN ORT

Fahrradbotendienste und vor allem die Vernetzung verschiedener Verkehrsmittel sind aus der Sicht der Logistik-Professorin Brigitta Riebesmeier (WU Wien) die richtige und intelligente Antwort auf die Verkehrs- und Umweltprobleme der Gegenwart.

Frau Professor Riebesmeier, Sie lehren am Institut für Transport und Logistik an der WU Wien. Spielen Fahrradboten im globalen Konzert des Gütertransports überhaupt eine relevante Rolle?

Ja. Denn gerade im Bereich der Citylogistik, also in den Städten, übernehmen Fahrradboten eine wichtige Rolle – im Bereich der Kurier- und Expressdienste. Fahrradboten haben da vor allem eine Bedeutung, weil sie viele Konfliktpotenziale, die sich in der Citylogistik ergeben, etwa Parkplatzmangel und Zeitverluste durch Parkplatzsuche, Konflikte an Rampen und Verladestellen und Stau, kaum kennen. Wenn man das Geschäftsfeld einengt, sind sie spezialisiert auf Kleinpaketesendungen – und haben eine immens große Bedeutung in der Kooperation mit anderen Kurierservices. Da haben sich ja mittlerweile Netze mit anderen aufgebaut.

Es geht also um die koordinierende Tätigkeit – man nimmt den Platz ein, an dem man seine Vorteile am besten auf die Straße bringen kann. Aus der logistischen Sicht gesehen, wird das sehr sehr positiv. Da sollte jedes Verkehrsmittel den Platz einnehmen, wo es am besten passt.

Also in der Citylogistik können sie viele Konfliktpotenziale besser bewältigen als das Auto. Vom Geschäftsfeld sind es die B2B-Felder, die aufgefüllt werden – Dokumente, Ärzte-Lieferungen, Anwaltspost – also alle, die eilige und sichere Sendungen brauchen.

Vor 20 Jahren war das ja der einzige Festland-Fahrradkurier ...

... nein, das stimmt nicht. In Wien gab es 1902 schon die Firma „Messengerboy". Und nachgewiesen ist der erste Fahrradbote in San Francisco 1894. Aber natürlich hat das Auto dann die Fahrräder vertrieben. Auch in Wien. Aber die neuen Konfliktpotenziale von Beförderung in der Stadt werden heute ideal vom Rad bewältigt.

Vor 20 Jahren, als der Fahrradbote also wiederbelebt und nicht erfunden wurde, gaben die Mitbewerber dem Fahrradboten aber gerade ein paar Monate Lebenszeit: „Wenn der Schnee weg ist, seid auch ihr weg", hieß es.
Also wir haben das nicht so gesehen. Auch damals. Wir haben diesen Bereich um die frühen 90er Jahre herum erstmals beobachtet und da durchaus ein großes Steigerungspotenzial vorausgesehen.

Was sind denn die wichtigsten Kriterien der Logistik? Dass man wettbewerbsfähig ist. Das heißt, dass Kosten und Qualität stimmen müssen. Bei den Kosten kann man sagen, dass das Fahrrad dem Auto bei bestimmten Entfernungen hoch überlegen ist. Vor allem in bestimmten Verkehrsdichten. Von den Fahrzeugkosten ist das etwa ein Zehntel der Autokosten pro Kilometer.

Flächenbedarf und Energiebedarf sind auch Faktoren, die da hineinspielen: Aber das ist ja auch augenscheinlich: Ein Fahrrad braucht weniger Platz. Und es wird nur die körpereigene Energie verbrannt – ohne externe Effekte, also Schadstoff- oder Lärmemission.

Theoretisch ließen sich auch größere Lasten transportieren – in China werden ja ganze Unternehmen mit Mittagessen und anderen Dingen per Fahrrad mit Anhänger versorgt. Das hat bei uns aber noch nicht Fuß gefasst. Ich weiß aber von einem mobilen Fensterputzdienst, der in Wien mit einem Fahrrad mit Anhänger unterwegs ist. Da fällt dann zwar der Vorteil des Durchschlängelns weg, aber andere Nachteile des Autos in der Stadt – eben die Parkplatzsuche – auch.

Und die Nachteile?
Die Reichweite eines Fahrradboten ist von Natur aus beschränkt. Aber die Durchschnittsgeschwindigkeit der Fahrradboten ist der des Autos in der Stadt gar nicht so viel unterlegen. Denn der fährt mit 15 bis 20 km/h, das Auto kommt auf 24 – und dann werden die Verkehrsdichte, das Nischenausnutzen und die Parkplatzsuche relevant. Was Verkehrsexperten dann auch noch einbeziehen, ist – bei den Hard Facts der Kosten – der Faktor der externen Kosten. Die sind beim Fahrrad weitaus geringer – es gibt ja keine Schadstoffemissionen.

Schließlich wäre da noch der Faktor Unfälle. Das ist ein bisserl komplizierter. Denn der Anteil der Fahrradunfälle am gesamtösterreichischen Unfallgeschehen mit Personenschaden ist über die letzten Jahre gesunken und liegt jetzt bei sieben Prozent. Der ist erstaunlicherweise wirklich nicht gestiegen – obwohl der Anteil der Radfahrer im Verkehrsgeschehen steigt. Auf der anderen Seite ist das subjektive Gefährdungsgefühl der Radfahrer vermutlich höher als früher. Man schätzt es als gefährlich ein, mit dem Rad unterwegs zu sein. Ich vermute auch – ohne das jetzt nachweisen zu können –, dass diese geringere Beteiligung der Radfahrer an den Unfällen auch am Ausbau der Radverkehrsanlagen liegt. Und daran, dass man mittlerweile mit den Radfahrern im Verkehr rechnet. Die Zeichen stehen deswegen nicht schlecht für Radfahrer und Radkuriere: Das Wachstum der Branche, wissen wir, liegt derzeit bei den Kurier- und Expressdiensten bei jährlich zwei Prozent. Die Fahrradboten sind da nicht extra erwähnt – aber ich gehe davon aus, dass das durchaus ähnlich ist.

Obwohl die doch eher Kleinstsendungen transportieren? Haben da E-Mail und Internet nicht eine gewaltige Zäsur gesetzt?
Fundiert, also auf Basis von Untersuchungen, habe ich dazu keine Antwort. Aber vom Gefühl her ist das natürlich eine Konkurrenzsituation. Auf der anderen Seite müssen auch Ärzte, Anwälte oder Notare immer Originale verschicken – das geht per Mail nicht. Aber natürlich hat E-Mail da eine Veränderung gebracht. Gleichzeitig glaube ich, dass das E-Business ganz andere Geschäftsfelder aufgetan hat oder auftun wird. Denn der Fahrradbote ist eine Last-Mile-Solution. Und ich denke, dass gerade das E-Business da andere Quellen erschließt: die Zustellung von CDs, Kameras oder was man sich da sonst noch alles bei Online-Versandhäusern kauft etwa.

In der Logistik gibt es eine „Fünf R"-Regel zum Erfolg. Wie passen da Fahrradkuriere hinein?
Ja, der Satz lautet: „Das richtige Produkt zur richtigen Zeit zum richtigen Kunden in der richtigen Qualität zum richtigen Preis". Diese Formel ist in Wien massiv gefährdet. Durch das Verkehrsaufkommen und den Stau. Die Wiener Kleintransporteure haben vor allem ein unheimlich großes Problem: Parkplätze. Da ist der Fahrradbote einfach besser dran. Darum glaube ich auch, dass vor allem die Kombination von Rad und anderen Verkehrsträgern zukunftsweisend ist. Soweit ich das verfolge, ist das ja genau das, was auch Veloce tut: Ein Netz, ein Intercitynetz anzubieten – das ist eine intelligente Bereicherung.

Wie aber kommt es, dass die etablierte Branche einen Quereinsteiger brauchte, um diese Nischen und Lösungen zu entwickeln? Anfangs hat man den Radboten ja kein langes Leben vorausgesagt – und die meisten Unternehmen, die es damals gab, gibt es heute nicht mehr.
Im Grunde tut das jeder Mensch und jedes Unternehmen: Man sucht den bequemsten Weg und tut das, was man am besten kann. Also man konzentriert sich auf seine Kernkompetenzen. Wir sehen das auch generell im Verkehrssystem, dass die intermodalen Systeme sich schwerer durchsetzen. Weil sie komplizierter zu planen sind als der direkte LKW- oder PKW-Haus-Haus-Verkehr. Das ist eine Frage der Bequemlichkeit. Ich denke, dass das eben eine intelligente Form des Nischendenkens war. Und auch eine Form des vorausschauenden Denkens. Man muss als Mensch erkennen, dass es immer wieder Probleme gibt – auch wenn die Kapazität dessen, was ein Fahrrad mitnehmen kann, beschränkt ist. Man muss sich also als Nischenplayer etablieren – und die Großen verfolgen nicht so sehr die Entwicklung von Nischen.

Die Nische wurde aber mittlerweile zur Bresche – im städtischen Bereich ist Veloce kein Zwerg mehr.
Ja, aber die haben ihr Geschäftsfeld ja auch ausgeweitet. Massiv ausgeweitet. Durch intelligente Koordination und Kooperation – und das ist genau die strategische Haltung, die wir in der Theorie predigen.

Und mittlerweile erkennen das auch andere. Gerade auf den Hauptachsen des Verkehrs gibt es enorme Kapazitätsprobleme – und der Transport wird durch Stau und andere Faktoren immer teurer. Da überlegt sich die Industrie dann schon andere Lösungen. Weil der Preis zu hoch wird. Das merken wir auch in anderen Bereichen, nicht nur in der Stadt. Aber solange die Kosten stimmen, tut sich das keiner an – denn es ist ja mehr Arbeit, mehr Koordination und mehr Aufwand. Das muss auch klar sein.

::: WER TUT SO ETWAS?

Rad fahren kann bald wer – aber ...

Fahrradboten, sagen die Fahrradboten, sind Menschen wie du und ich. Aber das liegt vermutlich daran, dass Fahrradboten meistens vor allem mit Fahrradboten zu tun haben. Oder zumindest relativ oft auf ihresgleichen treffen. Denn für den Rest der (auch Rad fahrenden) Welt sind Fahrradboten eine ganz eigene Spezies. Zumindest wenn es um Fragen der Fortbewegung in der Stadt geht.

Wissenschaftlich ist das natürlich nicht halt- oder belegbar. Obwohl Studienautoren verschiedenster Uni-Disziplinen immer wieder behaupten, dass es allein in Wien insgesamt etwa 1.000 Fahrradboten gibt. 500 Aktive – und etliche Karteileichen. Aber wirklich ganz genau weiß das keiner. Denn das Studienmaterial stammt zum überwiegenden Teil aus der Feder (oder den Tastaturen) von – erraten – Fahrradboten. Ist also nicht objektiv. Was einen ganz normalen Menschen von einem Fahrradboten unterscheidet, ist noch nicht endgültig erforscht. Klar ist nur: Es gibt einen Unterschied. Vielleicht sogar mehrere. So gibt schon der Umstand, dass Fahrradboten an den diversen Universitäten dann gerne über Fahrradboten schreiben, einen

ersten Hinweis auf ein klassisches Boten-Charakteristikum: Sie sind für den Job überqualifiziert. Das bestätigt auch Paul Brandstätter: „Es waren von Anfang an viele Kreative und viele Studenten unter den Fahrern." Leute zwischen 20 und 30 Jahren also, mit relativ flexibler Zeiteinteilung und notorischem Geldbedarf in überschaubaren Größenordnungen. Und ohne Wunsch auf eine Anstellung auf Lebenszeit: „Das war immer die Intention", erklärt Brandstätter, „Fahr, solange es dir Spaß macht, und verdiene damit Geld. Es war ja auch für uns anfangs ein Spaß. Ich habe das für mich selbst am Anfang gar nicht als richtigen Job gesehen, wo man von Montag bis Freitag im Büro ist. Von 9 bis 5 Dinge tun, die man nicht tun will – das war nie die Idee."

Und in den meisten Boten fand Brandstätter denn auch seine Motivation wieder: „Was Sinnvolles tun, um Geld zu verdienen. Ökologisch korrekt unterwegs sein. Rad fahren – oder zumindest sich bewegen und fit bleiben. Und viele Leute treffen."

Denn das Zustellen von durchschnittlich 40 Lieferungen pro Tag bei einem Durchschnittstempo von 15 bis 25 km/h ist mehr als eine Mischung aus Knochenjob, Orientierungstraining und Leistungssport. Es war vor allem in den frühen Boten-Jahren auch eine Job-Drehscheibe – gerade in den ersten Jahren: Unter den Studenten-Boten waren auch viele Techniker. Und in der Zeit vor dem Internet gehörten Disketten zu den häufigsten Transportgütern. Nur: Das Wort „kompatibel" war damals noch längst kein selbstverständliches Prä- oder Suffix bei Hard- oder Softwarekomponenten. Und so sah man immer wieder Menschen in Radkleidung in Büros vor Computern sitzen: „Wenn du das so machst, kriegst du dieses Dokument auch auf diesem Rechner auf", war oft genug der Einsteigersatz, dem dann eine Frage des Büromenschen an den Boten folgte: „Kannst du mir dann vielleicht auch verraten, wie ich dieses Programm/Objekt/Dokument/Weißderteufelwas öffne/aktiviere/loswerde?"

Dieses radelnde Know-how zu vermitteln, „war immer einer der Mehrwerte, die wir im Portfolio hatten", erinnert sich Brandstätter, „denn die Struktur des Jobs brachte es mit sich, dass hier oft angehende Angehörige von Eliten unterwegs waren."

Und da gehörten natürlich auch Sprachkenntnisse dazu: Internationale Unternehmen, die Fahrradboten einsetzten und zu – äh – „einfachen" österreichischen Betrieben schickten, konnten meist davon ausgehen, dass beim Empfänger zumindest einer Schriftstücke oder Bestellungen auch wirklich verstand: Der Bote – obwohl Englisch nie eine Jobvoraussetzung war, war und ist man bei Veloce immer stolz gewesen, dass Mehrsprachigkeit meist zur Grundausstattung der Fahrer gehörte.

Dass ein Bote vom Fleck weg vom Boten- zum akademischen Bürojob abengagiert wurde, kam allerdings nur ein einziges Mal vor. Zumindest ist dieses Ereignis nur einmal belegt: Ein Fahrer – der Name ist leider nicht mehr greifbar –, der gerade seine Diplomarbeit in einem technischen Studium abgeliefert hatte, hatte eine Spät-Zustellung. Die Sekretärin beim Empfänger war schon gegangen und der Chef des Unternehmens kam mit dem Boten ins Reden. Was genau die beiden da besprachen, erfuhren Außenstehende nie: Der Fahrer beschränkte sich darauf, noch während dieses Gesprächs seinen letzten Funkspruch abzusetzen: Er werde ab morgen nicht mehr fahren – weil er gerade einen neuen Job angenommen habe.

Auch wenn das wohl ein Einzelfall war: Zum Kontakteknüpfen oder Atmosphäre-Schnuppern taugte es allemal: Bei Bewerbungsgesprächen mit einem wohlwollenden „Wir kennen uns ja schon" wiedererkannt zu werden, war kein Nachteil – schließlich stand da „verlässlich, flexibel, belastbar" auf der imaginären Visitenkarte.

Freilich: Als reines Durchhaus für Studenten und Künstler auf dem Weg zur Weltkarriere kann man Fahrradbotendienste nicht sehen. Denn da gibt es auf der einen Seite noch die Freaks und Traveller, die sich mit dem Botenjob ihre nächste Reise, ihr nächstes Instrument oder ihr nächstes revolutionäres Projekt finanzieren. Die „ewigen" Boten: Menschen, die nach dem Dragee-Keksi-Prinzip funktionieren – „Wenn ich nur aufhören könnt'!" – und das keine Sekunde lang wirklich wollen. „Vorgestern erst bin ich bei Veloce reingegangen", erzählte Paul Brandstätter im Sommer 2007, „und habe mir gedacht: Den Typen da kenn ich doch. Er war älter als ich, hatte aber ein bekanntes Gesicht. Der hat mich angesprochen und mir erzählt, dass er schon ein fertiger Doktor war, als er vor über zehn Jahren bei uns begonnen hat. Aber er wollte daneben etwas tun, was Spaß macht, aber doch eine Herausforderung ist. Ausgleichssport – einfach weil er es witzig findet."

Doch Vorsicht: Das, was Achim Beier, der Gründer des Berliner Fahrradbotendienstes, weiter hinten in diesem Buch verächtlich die „Hausfrauenschicht" nennt, sitzt auch in Wien nicht im Sattel. Bei keinem Botendienst: Auch Teilzeit-Fahrradboten müssen professionell fahren und denken. Wenn

schon nicht aus Eigeninteresse, dann doch wegen der Kunden. Denn wenn die sich beim Dispatcher oder beim Funker zu oft – und begründet – beschweren, kann man recht bald nur noch als Privatradler Touristen auf dem Radweg am Ring zu Tode erschrecken.

Über die Jahre ging die Entwicklung aber ohnehin in die andere Richtung. Oder anders gesagt: Manche Studenten mit Botenrucksack haben im Laufe der Jahre dann immer weniger Zeit im Hörsaal und immer mehr im Sattel verbracht. Etliche betrieben und betreiben das Botenfahren als Full-Time-Job. Brandstätter: „Das waren und sind Super-Cracks. Die machen das viele Jahre. Das sind ganz eigene Typen: effizient, schnell, voll durchtrainiert. Die sind super drauf – vor allem körperlich –, aber trotzdem sind das keine Leute, die das mit der Perspektive einer Pension machen."

Trotzdem ist die Frage nach dem „Warum" immer noch offen: Wieso tut es sich jemand an, seine Gesundheit und seine Knochen für den Transport von ein paar Blättern Papier quer durch die Stadt zu Markte zu tragen? Weshalb steigt man da bei Graupelschauern, Eisregen oder Schneesturm nicht einfach in die U-Bahn? Oder richtet den Büromenschen aus: „Renn doch selbst, wenn es so wichtig ist!"?

Am Geld kann es nicht liegen: Auch wenn der Verdienst bei halbwegs schlauer Fahrweise ganz o.k. ist, wird man vom Botenfahren nicht reich. Und andere, weniger riskante Jobs sind vielleicht einträglicher. Aber eben auch langweiliger: „Dieses ‚wild, sexy und schnell'-Ding", weiß Brandstätter, „hat viele Leute extrem angesprochen. Gerade Studenten – weil die ja untereinander immer darüber reden, was sie nebenbei tun." Auf der Messe Bühnen aufbauen, kellnerieren, Callcenter, Zettel verteilen, Post ordnen oder Weckerln verkaufen mag ja alles ehrbar und praktisch sein – aber dann sagt einer: „He, ich bin ein cooler Hund – ich fahre mit dem Rad durch die Stadt, sehe tausend Leute und zeige der Polizei eine lange Nase. Und einen Knackarsch krieg ich davon auch." Oder wie es Brandstätter – etwas nüchterner – ausdrückt: „Unsere Leute waren immer die, die sich mit solchen Hilfsdiensten in Büros nicht anfreunden konnten. Denen das Nine-to-five-Ding nicht gepasst hat. Und es war einfach cool, Bote zu sein. Die kamen in die Büros und strahlten etwas aus. Das Abenteuer, das vielleicht doch noch da draußen wartete. Das Bild vom David mit dem Rad, der den Goliath im Auto herausfordert und besiegt. Für viele Kunden war das schon so, dass man da kurz mit dem Gedanken gespielt hat, wie es wäre, mitzufahren."

FUNKNAME: EISBÄR

WIE LANGE BIST DU SCHON BOTE?
1 ½ JAHRE

BESCHREIBE DEIN FAHRRAD:
ELENDS ALTES RENNRAD MIT MOUNTAINBIKELENKER (UMGESCHRAUBT)

WIE VIELE KILOMETER SCHAFFST DU AM TAG?
NOCH NIE GEMESSEN

WIESO BIST DU BOTE GEWORDEN?
FLEXIBLE DIENSTZEITEN, KEINE BÜROARBEIT (BZW. WENIG)

DIE BESTE AUSREDE, WENN DICH EIN POLIZIST BEI IRGENDWAS ERWISCHT?
DER FUNKER HAUT MICH SONST

WELCHE VERKEHRSREGEL WÜRDEST DU WIRKLICH NIE ÜBERTRETEN?
JEMANDEM DEN VORRANG NEHMEN (BESONDERS RETTUNG)

DEIN SCHÖNSTES/SELTSAMSTES TRANSPORTSTÜCK ODER DEIN SELTSAMSTER AUFTRAG/FAHRTBERICHT?
AMPUTAT (ABGETRENNTER UNTERSCHENKEL)

WOZU TAUGEN AUTOS IN DER STADT?
ZUM LUFTVERPESTEN

Außerdem entdeckten Lifestylemagazine in den 90er Jahren den Boten. Genauer: den knackigen Po und die strammen Haxen des Boten. Kuriere wurden als sexy Typen dargestellt, die mit knackigem Hintern ins Büro kommen und eine Prise Leben und Aufruhr bringen. „Die Fotos", so Brandstätter, „haben auch gepasst und das unterstrichen. Und vom Radfahren kriegt man ja wirklich einen knackigen Arsch – das darf man nicht unterschätzen. Das gab uns also ein gewisses Flair und ein gewisses Image – und da kamen dann auch gewisse Leute zu uns und wollten Bote werden."

Reine Schönlinge haben es aber nie lange im Sattel ausgehalten. Diese Modeltypen bewarben sich vermutlich lieber bei diversen Cola-light-Mann-Bewerben: Dort spielt man ja mit den gleichen Klischees, muss aber keinen Stadtplan lesen können. „Hinter der Fassade dieser Leute war keine Power“, urteilt Brandstätter – und wird präzise: „Die wollten nicht schwitzen.“

Es gab aber lange Zeit noch eine Kategorie von Boten-Kandidaten: junge Männer, denen die Mama gesagt hat: „Bub, tu was G'scheites. Streng dich mal ein bisserl an. Und arbeit mal was Ordentliches, damit du siehst, was Arbeiten überhaupt ist.“ Solche Mütter, erinnert man sich bei Veloce lachend, haben dann auch für ihre Buben (es waren immer Buben, kein einziges Mal bat ein Mädchen die Mutter um diese Hilfe) angerufen. Weil der Sohn zu schüchtern oder zu lasch war, selbst zum Telefon zu greifen. „Ich habe diesen Frauen immer gesagt: Wenn Ihr Bub nicht genug Selbstbewusstsein und Power hat, das selbst zu tun – wie soll der sich dann mit Kunden anstellen? Wie soll der sich im Verkehr behaupten?“, seufzt Brandstätter: „Mir wäre das ja wahnsinnig peinlich gewesen, wenn meine Mama wo für mich angerufen hätte.“ Eine Zeit lang wollte man bei Veloce aber auch den Muttersöhnchen eine faire Chance geben. „Ich habe den Mamis gesagt, sie sollen ihre Buben herschicken. Aber das waren immer totale Weicheier: Nach dem ersten Schlechtwettertag ist keiner von denen je wieder aufgetaucht. Wahrscheinlich hätte ich stattdessen die Mütter fragen sollen, ob sie nicht für uns fahren wollen.“

::: „GELBES BLUT“
Vom Archivieren

„Das Archiv“, sagte der legendäre und viel zu früh verstorbene TV-Journalist Robert Hochner einst, „ist die Rache des Journalisten.“ Oder auch die des kleinen Mannes (und natürlich auch der kleinen Frau). Bei Veloce ist das nicht anders. Denn neben einer stattlichen Sammlung von Pressetexten, Werbefoldern und sonstigem „offiziellem“ Material gibt es da noch etwas: ein Buch. Von Hand geschrieben. Und dieses Buch lag zehn Jahre lang in einer Schublade. Der Schreibtisch, zu dem die Schublade gehört, ist der von David Dolezal.

Dolezal begann 1989 als Fahrer bei Veloce – und war lange Zeit Brandstätters rechte Hand und für IT und Organisation zuständig. Offiziell ist er heute der Veloce-Qualitätsmanager. Inoffiziell viel mehr. Urgestein eben: „Ich glaube, ich habe mittlerweile gelbes Blut.“

Das Buch in Dolezals Lade hat aber nicht der Betriebsleiter allein vollgeschrieben: Es ist so etwas wie die Prä-Internet-Wikipedia von Veloce. Das kollektive Gedächtnis der Funker und Disponenten: Das, was ihnen auffiel. Das, was nicht alltäglich war. Das, worüber man in Rauch- oder Kaffeepausen lachte, staunte oder sich ärgerte – all das schrieb man in das Buch: Der Großteil der über dieses Buch verstreuten Anekdoten, Erlebnisse, Wuchteln, Zeichnungen und Karikaturen entstammt dem Buch aus Dolezals Lade. Dank dafür, betont Dolezal, gebühre keineswegs ihm, dem Aufbewahrer – sondern all jenen, die dafür sorgten, dass angeblich „Nebensächliches“ nicht vergessen wurde. Weil es doch das ist, was den Alltag von seiner Eintönigkeit befreit. Und ihn somit erst erträglich und das Leben bunt macht.

Erlebnisse der Fahrer mit der Polizei machen einen Großteil der Erzählungen aus. Dolezal bedauert, dazu zwar Anekdoten, aber keine Statistik vorlegen zu können: „Leider stumpft man am Funk irgendwann ab und schreibt nicht mehr jede skurrile Amtshandlung auf. Man gewöhnt sich fast an die Klassiker – etwa die ewigen Einbahn-Diskussionen. Dadurch ist leider nicht dokumentiert, wie oft unsere Fahrer sie geführt haben.“ Mit der Einführung von E-Mail und Intranet war es dann außerdem vorbei mit der Anekdotensammelei: Das Buch – eigentlich ja „die Bücher“, denn es gibt auch ein „offizielles" Journalbuch – verschwanden in Dolezals Schublade. Für über zehn Jahre. „Ich habe sie aufgehoben, weil ich immer gehofft habe, dass es einmal ein Buch über Veloce geben würde. Das Journalbuch war wichtig, um die Arbeit zu dokumentieren – das andere Buch ist aber das, in dem die echte Geschichte, die Geschichtchen nämlich, steht. Diese Bücher jetzt wieder rauszuholen, holt viel von dem Spaß zurück, den wir damals hatten."

Schönes findet sich aber auch im Journalbuch. Etwa eine Doppelseite, die den Titel „Neue Ziele" trägt: Der optimistischen Überschrift folgt dann eine Reihe blütenweißer, leerer Seiten.

(Auszüge und Faksimiles aus den geheimen Büchern des David Dolezal finden sich ab Seite 57.)

Von Fahrern und Funkern

Die meisten Boten fahren ein paar Jahre recht intensiv und rutschen dann in andere Jobs. Oft, weil das Studium dann vorbei ist. Oder aus anderen, privaten Gründen. Manche Menschen kommen aber doch immer wieder zurück, um wieder eine Zeit lang Botenluft zu schnuppern. Das ist vom Alter unabhängig: Es gibt einen Mann, der ist über Jahre hinweg immer wieder gefahren – und jetzt vom Botendasein direkt in die Pension umgestiegen.

Manche Boten fahren nur sporadisch – und genau deshalb kennt man sie. Legendär ist etwa jener Fahrer, der über etliche Jahre hinweg immer genau an einem Tag auftauchte, um zu fahren: am ersten Arbeitstag jedes neuen Jahres. Da stand er mit geradezu schweizerischer Präzision auf der Matte und wollte seinen Dienst antreten. Am zweiten Tag fuhr er dann aber schon nicht mehr. Gefragt, warum er das so halte, erklärte er, dass ihn steuerliche Gründe dazu zwängen. Das Finanzamt würde ihn dann nämlich in eine Steuerklasse einstufen, in der es wirtschaftlich nicht mehr vertretbar wäre zu fahren.

Fahrradboten sind keine Nummern, sondern Menschen. Darum haben sie auch Namen. Künstlernamen. Und den sucht sich jeder selbst aus. Theoretisch. Denn manche Fahrer hatten nie eine Wahl: „Stallone" etwa hieß so, als er das allererste Mal in der Zentrale auftauchte. „Der wusste gar nicht, wie ihm geschah", erinnert sich David Dolezal. Ähnlich ging es einem Fahrer

FUNKNAME: TAIPAN (THOMSON)

WIE LANGE BIST DU SCHON BOTE?
FEBRUAR 2002

BESCHREIBE DEIN FAHRRAD:
RENNRAD 3-TEILIG (KAPUTT)

WIE VIELE KILOMETER SCHAFFST DU AM TAG?
CA. 2.000 IM MONAT

WIESO BIST DU BOTE GEWORDEN?
KEIN FÜHRERSCHEIN, HOBBY ZUM BERUF GEMACHT, PSYCHISCH

DIE BESTE AUSREDE, WENN DICH EIN POLIZIST BEI IRGENDWAS ERWISCHT?
DAS KOMMT IMMER AUF DIE JEWEILIGE SITUATION AN! VOM KNIEFALL BIS ... IST ALLES MÖGLICH

WELCHE VERKEHRSREGEL WÜRDEST DU WIRKLICH NIE ÜBERTRETEN?
FAHRRADBOTEN HALTEN IMMER ALLE EIN

DEIN SCHÖNSTES/SELTSAMSTES TRANSPORTSTÜCK ODER DEIN SELTSAMSTER AUFTRAG/FAHRTBERICHT:
GEBÄRMUTTER, GALLENSTEIN, KREBSGESCHWÜR. EINMAL EINE JWC SCHAFFHAUSEN UM CA. €15.000 UND EIN UNTERSCHRIEBENER WECHSEL ÜBER €1.6 MIO.

WOZU TAUGEN AUTOS IN DER STADT?
UM STINKEND IM WEG ZU STEHEN

mit dem Namen „Body". Nicht optisch begründet, aber doch klar nachzuvollziehen war auch die Genese des Funknamens „Marlboro". Darüber, wie die drei befreundeten Herren „Gösser", „Stiegl" und „Bier" zu ihren Namen kamen, will Dolezal „lieber nicht zu viel erzählen – die Herren waren die ersten drei Fahrer, die nur mit Autos unterwegs waren."

Apropos Namen: Nach 20 Jahren Veloce gesteht David Dolezal erstmals, die Fahrer jahrelang belogen zu haben. „Wir haben unseren Fahrern jahrelang erklärt, dass es aus technischen Gründen nicht möglich sei, Namen zu wählen, die mehr als drei Buchstaben haben. Wir haben das auch selbst geglaubt, weil man uns das bei der Einschulung für eine frühe EDV-Software so erklärt hat. Aber irgendwann bin ich durch Zufall draufgekommen, dass das von Anfang an eine glatte Lüge war: Es war überhaupt kein Problem, längere Namen einzutippen. Nur hat das keiner getan, weil wir glaubten, dass es nicht ginge. Ich hab aber nichts gesagt, um keinen Aufstand zu provozieren." Später, mit einer neuen Software, wurden dann „offiziell" vier- und fünfstellige Kennungen möglich. Heute gibt es längenmäßig keine Beschränkung mehr.

Manche Botennamen wurden aber nicht gewählt – sie ergaben sich aus dem Arbeitsalltag: In frühen Funk-Zeiten war es – ähnlich wie einst auch bei Taxis – so, dass die Fahrten nicht nach einem ausgeklügelten System von den Disponenten an die Fahrer verteilt wurden, sondern dass jener Fahrer den Job bekam, der sich als erster per Funk meldete. Der Bote „Inims" hatte ursprünglich einen ganz anderen Namen – aber an den erinnert er sich heute wohl nicht einmal mehr selbst.

Noch etwas zum Thema „Funk": Taxifahrer hatten vor der Umstellung auf Datenfunk meist einen kleinen Schalter im Auto, den sie unauffällig an der Handbremse oder dem Schalthebel befestigt hatten. Damit wurde die sogenannte „Walze" bedient – ein irgendwo (meist im Kofferraum) versteckter Funk-Verstärker, der darüber hinaus – solange man die Taste drückte – Auftragsannahmen viel schneller bestätigte, als man das mit den herkömmlichen Funkgeräten tun konnte. Das Ding war – natürlich – von der Post (dem Monopolverwalter auf alles, was Kommunikation betraf) verboten, aber ohne Walze erwischte man eben meist gut ein Drittel Fuhren weniger.

Bei den frühen Funkgeräten der Fahrradboten war es durchaus ähnlich: Power, Reichweite und Tempo waren alles – bloß mussten die Handgeräte bei Dienstschluss abgegeben werden. Technische Manipulationen waren also sinnlos. Allerdings versuchten etliche Boten auf andere Arten, ihrem Glück nachzuhelfen: Manche Fahrer fuhren mit „Antennenverlängerungen" – meterlangen Drahtschleifen, die sie sich x-fach um den Körper gewickelt hatten. Manche fuhren wie riesige Käfer durch die Stadt: Mit wippenden, bis zu zwei Meter aus den Rücksäcken herausragenden „Antennenfühlern". Das alles brachte zwar wenig – aber der Glaube ist bekanntlich des Menschen Himmelreich.

Daneben gab es selbstverständlich auch gute und weniger gute Funkgeräte. Hieß es zumindest. Geradezu legendäre Empfangs- und Sendekräfte wurden über Jahre hinweg den Geräten mit den Nummern 73 und 76 zugeschrieben. Bei der Ausgabe der Funkgeräte herrschte oft ein regelrechter Kampf um solche „Wundergurken". Und das, obwohl die Statistik der Funkzentrale belegt, dass Fahrer, die auch sonst langsam funkten, mit diesen Geräten nicht mehr Aufträge ergatterten – und die schnellen Funker auch mit den angeblich langsamen Geräten eindeutig schneller waren.

Die Funkerei war in den 90er Jahren aber überhaupt noch ein recht seltsames Metier. Auch, weil es damals in Wien viel zu wenige Funkfrequenzen gab – und sich Veloce die erste Funkfrequenz mit einem auf Behindertentransporte spezialisierten Fahrtendienst teilen musste. Das führte zum einen dazu, dass die Zentralen regelmäßig in den Clinch darüber gingen, wer die Frequenz zu welcher Zeit wie intensiv nutzen durfte. Zum anderen soll es hin und wieder auch passiert sein, dass da ein erstaunter Fahrradbote in der (Veloce-)Zentrale rückfragte, ob das denn wirklich ernst gemeint gewesen sei: Er habe da gerade einen Auftrag bestätigt und solle jetzt acht Menschen – zwei davon im Rollstuhl – transportieren.

Ob es umgekehrt auch Busse gab, mit denen Schrift- oder sonstige Transportstücke zwischen Werbeagentur und Lithoanstalt hin- und hergebracht wurden, ist nicht überliefert.

Irgendwann reichte das Frequenz-Teilen dann aber sowohl den Rad- als auch den Busboten. Veloce suchte bei der Post um eine eigene, allein zu

BOTENECKE:

FUNKNAME: FIREBIRD

WIE LANGE BIST DU SCHON BOTE?
5 MONATE

BESCHREIBE DEIN FAHRRAD:
SCHWARZ, GELBER RAHMEN, DICKE REIFEN, BILLIGES MOUNTAINBIKE, HÖCHSTGESCHWINDIGKEIT: 47,6 KM/H

WIE VIELE KILOMETER SCHAFFST DU AM TAG?
ZWISCHEN 60 UND 80 KM

WIESO BIST DU BOTE GEWORDEN?
WEIL ICH WAS LEISTEN WILL

DIE BESTE AUSREDE, WENN DICH EIN POLIZIST BEI IRGENDWAS ERWISCHT?
ICH WAR ES NICHT

WELCHE VERKEHRSREGEL WÜRDEST DU WIRKLICH NIE ÜBERTRETEN?
BEI DENEN ICH PERSONEN GEFÄHRDEN KÖNNTE

DEIN SCHÖNSTES/SELTSAMSTES TRANSPORTSTÜCK ODER DEIN SELTSAMSTER AUFTRAG/FAHRTBERICHT:
MIT PLÜSCHTIER ODER BLUMENSTRAUSS DURCH DIE STADT. BEIDES WAR SO GROSS, DASS ES NICHT IN DEN RUCKSACK PASSTE.

WOZU TAUGEN AUTOS IN DER STADT?
UM IM STAU ZU STEHEN UND STINKEN ZU LASSEN; UM DARAN VORBEIZUFAHREN

Firmenschild mit Maskottchen „Indurain“: Der ehemalige Tour-de-France-Sieger fungierte lange Jahre als Protagonist in Funk- und anderen Einschulungsunterlagen.

nutzende Frequenz an – und blitzte zunächst ab: Das würde schwierig. Und auch teuer, hieß es beim Monopolinhaber für Telekommunikation (der damals auch noch Viertelanschlüsse beim Telefonieren für zeitgemäß hielt). Außerdem müsse man für eine Exklusivfrequenz eine (für damalige Veloce-Verhältnisse) exorbitant hohe Anzahl von Funkgeräten betreiben. Und jedes Gerät koste natürlich Funkgebühr. Man müsse darüber hinaus – aus welchen Gründen auch immer – auch komplizierte (also teure) Messungen anstellen (Anmerkung für jüngere LeserInnen, denen derlei skurril bis absurd vorkommt: Wir sprechen von einer Zeit, in der die Post unter anderem auch felsenfest behauptete, von ihr nicht – für teures Geld – zertifizierte Telefonanrufbeantworter wären in der Lage, Schäden am und im Leitungsnetz zu verursachen. Und als es die ersten Mobiltelefone gab, wurden ganz selbstverständlich auch bei den Angerufenen Gesprächsgebühren eingehoben – als Monopolist brauchte man sich da nicht mit dummen Fragen herumzuärgern). Und überhaupt: Funkfrequenzen seien eben ein knappes Gut. Und so weiter.

Natürlich gab es nach einigem Hin & Her dann doch eine Exklusivfrequenz – die allerdings nicht ganz so exklusiv war. Aber das war wirklich nicht Schuld der Post: 35 Kilometer östlich von Wien verlief damals noch der „Eiserne Vorhang“. Und die Angehörigen des Warschauer Paktes kümmerten sich nicht wirklich darum, ob da ein kleiner Fahrradbotendienst in Wien eigentlich das Anrecht hatte, in seinem Wirkungsgebiet eine Funkfrequenz alleine zu nutzen: Wenn da im Grenzgebiet Manöver oder Truppenbewegungen stattfanden (also eh fast immer), bliesen Russen, Tschechen, Ungarn und „befreundete“ Truppen ihre Funksprüche ohne jede Hemmung bis weit nach Österreich herein. „Keine Ahnung, ob die uns auch so gut hörten“, erinnert sich Paul Brandstätter, „aber auch wenn: Dass da ein DDR-Panzerbataillon nach Österreich einmarschiert, weil der Kommandant glaubte, eine bei uns durchgegebene Adresse sei Manöverziel oder Marschbefehl, stand wohl nie wirklich zu befürchten.“

„Geht nicht“ gibt es nicht – Geschichten vom Transportgut

Eine jener Fuhren, die man nicht vergisst, war die Lieferung einer Leiter. Das Ding musste vom Gürtel quer durch den vierten Bezirk bis in die City gebracht werden – und war etwa 20 Meter lang. Jedenfalls war sie das in der kollektiven Erinnerung. In jedem Fall rückten sechs Boten aus, um sie

10.11.92, Rudi nimmt Auftrag entgegen:
"Hallo, ich bin hier in der Sternwartestr. 13, neben dem Restaurant im Gebüsch mit meinen 2 Hunden, einer pinkelt gerade, wann kommt der Bote vorbei?"

zu transportieren – und lieferten dann zu Fuß. Weil alles schließlich seine Grenzen hat. Es dürfte dies im Übrigen eine der wenigen Zustellungen gewesen sein, bei denen Fahrradboten den Verkehr nicht nur dauerhaft aufhielten, sondern auch immer wieder für Stau sorgten: „Wenn die Leiter um eine Kurve musste, mussten wir den Verkehr aufhalten."

Aber es liegt nicht nur an der Größe des Ladegutes, wenn man sich mitunter doch auch über die Kunden wundert: Ein Beamter eines Ministeriums kam einst eigens in die Veloce-Zentrale im vierten Bezirk, um ebendort eine Briefsendung persönlich zur eiligen Zustellung abzugeben. Das Dokument im Kuvert sollte zu einem anderen Ministerium an einer Adresse im ersten Bezirk zugestellt werden. Nach erfolgreicher Aufgabe des Schriftstückes im vierten Bezirk machte sich der Beamte auf den Weg zurück in sein Ministerium – im ersten Bezirk.

Manchmal muss man aber auch gar nichts Materielles liefern. Einer der skurrilsten Aufträge kam aus der Redaktion der Stadtzeitung „Falter": Man rief an und beauftragte einen Boten, zur Heimadresse eines Redakteurs zu fahren. Dort sollte der Fahrer an die Tür hämmern, um den Mann aufzuwecken. Mindesten zehn Minuten lang – das wäre schon o. k. so. Dass der Bote fuhr & hämmerte, ist dokumentiert und verbürgt – ob der Journalist aufgeweckt werden konnte, leider nicht.

Einer der ewigen Irrtümer in allen Gesprächen über Fahrradbotendienste ist ja, dass die im Winter kein oder weniger Geschäft machen. Das Gegenteil, erklären die Velocianer, sei nämlich wahr: Je verheerender das Winterwetter in der Stadt sei, umso besser laufe der Laden. Am allerbesten an jenen zwei oder drei Tagen im Jahr, an denen es in Wien (meist nach tagelanger Vorankündigung) für die Autofahrer „völlig überraschend" schneit und eineinhalb Zentimeter Schnee liegen. Lange Zeit wusste man auch bei Veloce nicht, wieso gerade an diesen Tagen die Telefone heiß liefen – dabei hätte jeder, der in Wien bei starkem Regen schon einmal stundenlang auf ein Taxi gewartet und dann den Taxler gefragt hat, wieso dieser heute das einzige Fuhrwerk auf der Straße sei, hier Auskunft geben können: Die Kfz-Versicherungen sehen bei Taxis und Boten bei Blech- und anderen Schäden dermaßen hohe Selbstbehalte vor, dass es sich freiberufliche Fahrer an Risikotagen zwei- oder dreimal überlegen, sich in ein – noch dazu ohnehin wegen des schlechtwetterbedingten Staus wenig lukratives – Verkehrsgewühl zu werfen. Übrig

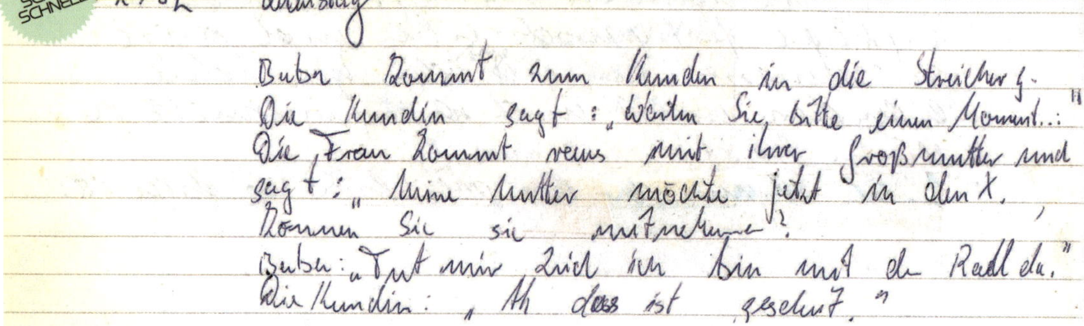

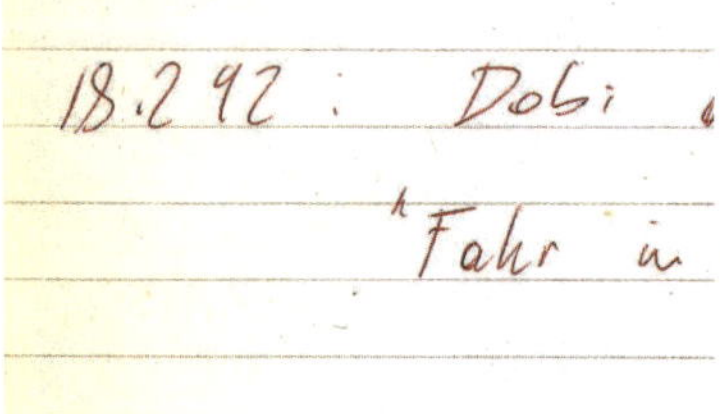

bleibt da nur, wer ohnehin bei jedem Wetter fährt: die Fahrradboten. „Wir sind oft die Einzigen, die noch fahren. Und wenn das Wetter wirklich gar nicht mehr mitspielt, steigt ja auch der Fahrradbote in die U-Bahn", verrät David Dolezal, „wie soll denn der Kollege im Auto da mithalten?"

Es war übrigens auch das Weihnachtsgeschäft – das der Winter 2005 und 2006, um genau zu sein –, in dem auch Fahrradboten, die privat mit moderner Unterhaltungselektronik nichts am Hut haben, lernten, dass da gerade eine Umwälzung im Hardwarebereich im Gange war: Fernsehapparate und Computermonitore gehörten bislang nämlich eigentlich nicht zum „typischen" Lieferkatalog der Boten. Die mittlerweile aber gängigen (kleineren) Flachbildschirme bekommt man auch in einen Botenrucksack. Und auch die großen Geräte kriegt man am Rad dann irgendwie zum Kunden: Auch teure Plasmaschirme wurden bereits am Rad ausgeliefert – und zwar ohne jede Beanstandung.

Die Größe des Liefergutes ist aber auch selten der Grund für Reklamationen. Meist sind es die Rahmen- und Rundumbedingungen. Dass aber ein Bote an der Tür klopft, ein zerfleddertes, zerfranstes Kuvert aus dem Rucksack zieht und mit einem bedauernden Lächeln behauptet, dass nicht er, sondern ein Hund an der Malaise schuld sei, dürfte doch einzigartig sein. Und hängt mit dem Besuch von George W. Bush in Wien zusammen: damals, 2006, war Wien ein Hochsicherheitstrakt. Und im Botschaftsviertel des dritten Bezirks gab es kaum ein Weiterkommen ohne permanente Kontrollen. Als ein Bote ebendort seinen Rucksack öffnete, konnte ein Sprengstoffspür- oder sonst wie im Sicherheitsdienst stehender Hund seiner Lust auf einen deftigen Biss ins Kuriergut nicht widerstehen. Und ließ seine Beute auch erst nach einigem Beuteln los: Kuvert und Inhalt, erkannten die Sicherheitskräfte, waren zwar schon vorher ungefährlich gewesen, zeigten nun aber doch eindeutige Kampf- oder zumindest Benutzungsspuren. Der Bote stopfte die Fetzen in seinen Rucksack und suchte den Kunden (einen Nachbarn der Botschaft) auf. Das Angebot des Hundeführers, ihn zu begleiten, um dem Kunden zu bestätigen, dass nicht der Bote über den Brief hergefallen war, lehnte der Fahrer ab. Auch der Kunde akzeptierte die zerknirscht vorgetragene Erklärung mit Humor: Er sei Humanist – daher begrüße er es, wenn statt dem Zusteller das Zustellgut gebissen werde.

1. GEDICHT 21.1.91

Wer nicht funken kann, noch will,
soll nicht „biken", weil debil.
Soll lieber üben zu telephonieren,
da wir ihn sonst ignorieren.
So hofen alle was' daran,
jeder verstehlt das anderen Ton,
dennach keine Fehler folgen,
was erspart uns allen Sorgen.
Fahrer, Kunden und Zentrale,
glücklich sind mit einem Male.

2. GEDICHT 28.1.1991

Für den Fahrer von VELOCE,
seines Zeichens Fahrradbote,
ist jeder Tag ein Abenteuer,
weil Autos, diese Ungeheuer,
wie die Wieden im Verkehr,
ihn gefährden und noch mehr,
ihren Wunsch, ganz allein
auf Österreichs Fahrbahnen zu sein,
dadurch versuchen zu erreichen,
daß sie nicht dem Fahrrad weichen.

*) Huk fährt in der Wipplingerstr. am Gehsteig, plötzlich springt ein Mann aus der Trafik und verstellt ihm den Weg. Huk denkt sich: „Der geht eh' weg!", und fährt weiter, was dazu führt dass sich der Herr am Gehsteig sitzend wiederfindet. Wutentbrannt steht er auf: „Na wart, Du führst mi nida?", und plasiert einen rechten Schwinger auf Huk's Schläfe. Die Reaktion des Fahrers auf das blutende Cut über dem linken Auge: Er nimmt den Funk zur Hand und meldet sich: „Huk an Zentrale! ...", worauf der Amateur-

Peter Scherlofsky

::: MENSCHEN HINTER DEN BOTEN

Dispatcher: Der gute Geist

Was man auf der Straße sieht, ist natürlich nur die halbe Wahrheit. Denn sich auf ein Fahrrad zu setzen und entschlossen loszufahren, würde relativ rasch in unkoordiniertem und vor allem unwirtschaftlichem Chaos enden. Und ein Bote, der mit einem einzigen Trum in seinem Rucksack von Hütteldorf nach Simmering braust, kann noch so schnell sein – die Fahrt wird sich nicht rechnen.

Tempo, bläut man deswegen schon den Anfängern mit dem gelben Rucksack ein, ist längst nicht alles: Auch und gerade für Fahrradboten gilt die Umkehrung von „Was man nicht im Kopf hat, muss man in den Beinen haben“: Planung und Strategie sind die Basis – und erst dann kommen die strammen Wadeln und die Kondition. Ach ja: Den Stadtplan sollte man tunlichst auch im Kopf haben.

Weil es aber auch im Interesse jedes Logistikunternehmens ist, die eigenen Transportkapazitäten möglichst optimal einzusetzen, lässt man die Fahrer nicht einfach nach Lust & Laune durch die Stadt teufeln: In der Zentrale sitzen sogenannte „Dispatcher“. Ihr Job ist es, die Boten zu lenken und zu koordinieren. „Ein guter Dispatcher“, erklärt Peter Scherlofsky, „weiß, wo welcher Bote wie schnell unterwegs ist – und wie viel er noch in seinen Rucksack bringt. Der Dispatcher ist so etwas wie ein ‚guter Geist‘, der über den Boten schwebt.“

Scherlofsky ist 35 Jahre alt und „Operations Manager“, also Betriebsleiter, bei Veloce. Davor war er einer dieser Leute in der Zentrale, die den Überblick über ihre rasenden Kollegen auf der Straße haben: Dispatcher eben. Und auch wenn das martialisch klinge, räumt Scherlofsky ein, könne man das, was ein Dispatcher tue, durchaus mit jenen Offizieren vergleichen, die in Kriegsfilmen immer vor riesigen Glastafeln stehen und darauf eintragen, welches Flugzeug und welches Schiff gerade wo ist. „Der Unterschied ist nicht nur, dass bei uns niemand bombardiert oder abgeschossen wird, sondern auch, dass es diese Glastafel nicht gibt – die hat der Dispatcher im Kopf. Vielleicht passt der Vergleich mit Fluglotsen ja besser.“

Theoretisch, erklärt Scherlofsky, könnte man auch dispatchen, ohne je auf einem Fahrrad gesessen zu sein. Aber in der Praxis schaut das ein bisserl anders aus: „Ich kenne jedenfalls keinen Dispatcher, der nicht

selbst einmal Fahrer war." Es gehe da nämlich nicht bloß darum, die Stadt zu kennen, sondern auch um das „Feeling": Fahrradboten, ist Scherlofsky überzeugt, sind schließlich ein eigener Menschenschlag.

Und der Betriebsleiter weiß, wovon er spricht. Schließlich hat er selbst einst – 1992 – auch als Fahrer angefangen. Gleich nach der Matura war das. „Ich kannte die gelben Rucksäcke – und es hat mich fasziniert, dass es da in der Stadt eine Möglichkeit gibt, gleichzeitig Freiheit auszukosten und doch damit Geld zu verdienen. Mich reizte die Ungebundenheit, das Wilde. Und so bin ich da eben reingerutscht."

Eigentlich wollte Scherlofsky ja nur sein Studium finanzieren. Aber Anfang der 90er Jahre waren die Boten mehr als Kollegen – sie waren eine Familie. Oder eine Clique. Vielleicht ja auch so was wie eine Gang: „Nach der Arbeit sind dann 20 Leute gemeinsam ausgegangen. Leute mit den verschiedensten Hintergründen, den unterschiedlichsten Interessen. Lustig, spannend – und immens lehrreich." Aber tagsüber war das Botenfahren vor allem doch eines: ein Job. Ein wilder Ritt durch eine Stadt, die mit Radfahrern damals noch weniger umzugehen wusste als heute. Und Radprofis waren da eben auch noch Exoten.

Scherlofsky war Fahrer mit Leib und Seele – und nach ein paar Jahren wurde er gefragt, ob er nicht vielleicht am Telefon arbeiten wolle statt auf der Straße zu schwitzen.

„Nein, ich glaube nicht, dass das geschah, weil ich zu langsam war", lacht er heute, „ich glaube vielmehr, dass es einfach auffällt, wenn einer gut mit den Kunden kann. Wenn da der Draht und die Chemie stimmen." Nach einiger Zeit am Telefon wurde der Wiener Funker – wechselte also vom Kunden- zum Fahrerkontakt – und stieg dann zum Dispatcher auf.

Ob ihm, der doch Fahrradbote wurde, um wild, frei und ungebunden durch die Straßen zu fegen, der Fahrtwind nicht abgeht? Scherlofsky wird kurz nachdenklich: Als Telefonist und Funker habe es ihn mitunter schon noch gejuckt, wieder in den Sattel, also um-, zu steigen. Als Dispatcher dann kaum mehr, „weil die Herausforderung eine ganz andere ist". Aber dennoch überlege er doch immer wieder, „einmal einen Tag Urlaub zu nehmen und wieder zu fahren. Das würde mir einen riesigen Spaß machen."

Denn der Kontakt zu den Kunden sei immer eines der Hauptargumente gewesen, sich stundenlang durch den Verkehr der Stadt zu graben: „Diesen Kontakt zu völlig verschiedenen Leuten hätte ich manchmal gerne wieder.

FUNKNAME: FLIP

WIE LANGE BIST DU SCHON BOTE?
7 ODER 8 JAHRE

BESCHREIBE DEIN FAHRRAD:
SCHNELL UND ROT

WIE VIELE KILOMETER SCHAFFST DU AM TAG?
MEIN STUNDEN-SCHNITTREKORD 16 KM/H (INNENBEZIRKE)

WIESO BIST DU BOTE GEWORDEN?
SPORT

DIE BESTE AUSREDE, WENN DICH EIN POLIZIST BEI IRGENDWAS ERWISCHT?
KEINE AUSNAHME OHNE REGEL, MR. OFFICER

WELCHE VERKEHRSREGEL WÜRDEST DU WIRKLICH NIE ÜBERTRETEN?
EINEM LKW DEN VORRANG NEHMEN

DEIN SCHÖNSTES/SELTSAMSTES TRANSPORTSTÜCK ODER DEIN SELTSAMSTER AUFTRAG/FAHRT-BERICHT:
LEERE SÄCKE

WOZU TAUGEN AUTOS IN DER STADT?
INTERESSANTE HINDERNISSE (MAL SCHNELLER, MAL LANGSAMER)

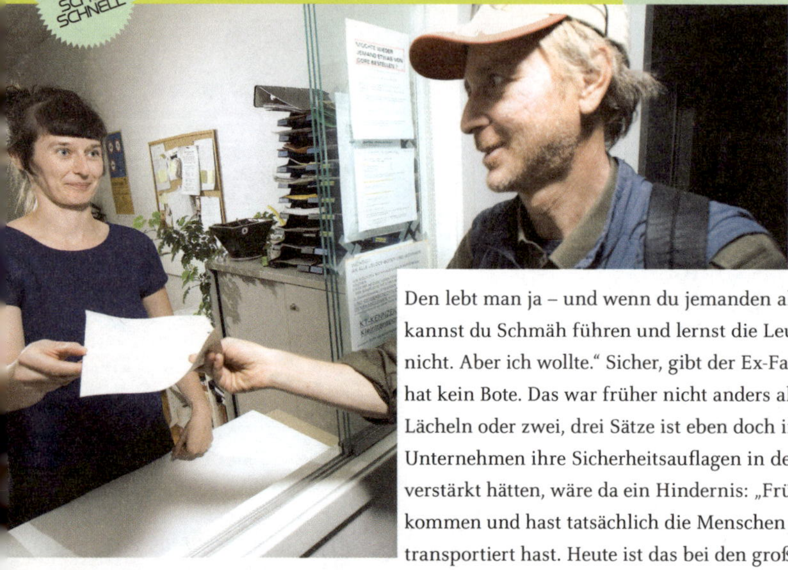

„Wir haben da einen Test." Karin Meislinger bildet Boten aus!

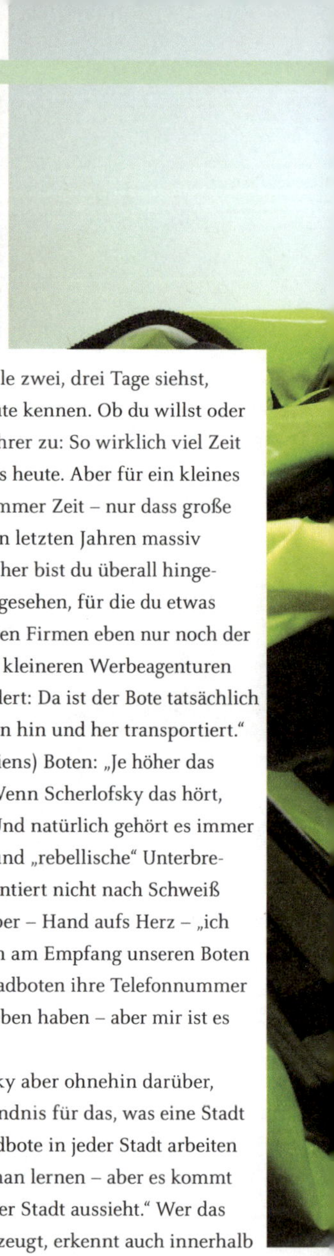

Den lebt man ja – und wenn du jemanden alle zwei, drei Tage siehst, kannst du Schmäh führen und lernst die Leute kennen. Ob du willst oder nicht. Aber ich wollte." Sicher, gibt der Ex-Fahrer zu: So wirklich viel Zeit hat kein Bote. Das war früher nicht anders als heute. Aber für ein kleines Lächeln oder zwei, drei Sätze ist eben doch immer Zeit – nur dass große Unternehmen ihre Sicherheitsauflagen in den letzten Jahren massiv verstärkt hätten, wäre da ein Hindernis: „Früher bist du überall hingekommen und hast tatsächlich die Menschen gesehen, für die du etwas transportiert hast. Heute ist das bei den großen Firmen eben nur noch der Empfang. Das ist ein bisserl schade. Aber bei kleineren Werbeagenturen und anderen Firmen hat sich da nichts geändert: Da ist der Bote tatsächlich noch der, der etwas zwischen zwei Individuen hin und her transportiert."

Es gibt da ein geflügeltes Wort unter (Wiens) Boten: „Je höher das Stockwerk, desto hübscher die Sekretärin." Wenn Scherlofsky das hört, muss er lachen: Natürlich kennt er es auch. Und natürlich gehört es immer noch zum Image, als wilde, durchtrainierte und „rebellische" Unterbrechung des schicken, geschniegelten und garantiert nicht nach Schweiß riechenden Büroalltags hereinzuschneien. Aber – Hand aufs Herz – „ich habe immer wieder gehört, dass die Mädchen am Empfang unseren Boten nachpfeifen sollen oder Sekretärinnen Fahrradboten ihre Telefonnummer zustecken. Das wird es sicher geben und gegeben haben – aber mir ist es nie passiert."

Lieber als über derlei referiert Scherlofsky aber ohnehin darüber, was einen guten Boten ausmacht: Das Verständnis für das, was eine Stadt ausmacht: „Ich glaube, dass ein guter Fahrradbote in jeder Stadt arbeiten kann. Straßennamen und Stadtpläne kann man lernen – aber es kommt darauf an, zu verstehen, wie die Struktur einer Stadt aussieht." Wer das einmal durchschaut hat, ist Scherlofsky überzeugt, erkennt auch innerhalb weniger Tage, wie andere Städte aufgebaut oder gewachsen sind. Aber ein bisserl, ist der Dispatcher stolz, sei das wohl auch Veranlagung.

Fahrlehrerin und „Boten-Mami"

Es gebe da, erzählt Karin Meislinger, mitunter Menschen, die mit etwas krausen Vorstellungen vor ihr auftauchen würden. Und denen müsse sie dann ein bisserl Realität vermitteln. Und zwar ohne zu schmunzeln. Meislinger ist seit 1999 bei Veloce – und unter anderem für die Fahrer-

betreuung, Recruiting und Ausbildung zuständig. Außerdem recycelt sie kaputte Fahrradschläuche. Aber dazu vielleicht später. „Manchmal sitzen da Mädchen vor mir, die keine Vorstellung haben, was Fahrradboten eigentlich tun", seufzt Meislinger: „Die kommen mit einem Damenrad mit einem kleinen Korb am Gepäckträger – und glauben, sie könnten da gemütlich und elegant durch die Stadt gondeln." Es gebe, seufzt die Recruiterin, aber auch das andere Extrem: Kampfradler, „die nach einer Entschuldigung suchen, Fußgänger niederzumähen, oder jede Kreuzung bei Rot nehmen." Mitunter komme sie sich da vor, als würden diese Wannabe-Radboten erwarten, außer einem Rucksack und einem Funkgerät auch Sicheln – ähnlich denen der Kampfwägen in der Antike – ausgehändigt zu bekommen.

Wer sich aber irgendwo zwischen diesen beiden Extremen befindet, hat durchaus Chancen, vor Meislingers Augen Gnade zu finden – und einen Schritt weiter zu kommen: „Wir haben da einen Test, bei dem es um die Basics der Orientierung in Wien geht. Nicht so schwer wie bei der Taxiprüfung, aber auch nicht nur die Frage, wie man von der Oper zum Stephansdom kommt." Früher, erinnert sich Meislinger, sei da bis zur Hälfte der Kandidaten durchgefallen. Sie selbst – und alle anderen Ausbilder – nicht: „Wir verlangen nichts, was wir nicht selbst schaffen."

Danach komme die nächste Hürde: das Funkgerät („Klar tun sich da manche am Anfang schwer – aber das ist zu schaffen. Eine Routinefrage"). Und dann dürfe man das erste Mal fahren. Mit einem erfahrenen Boten: „Der schaut, ob man da eh halbwegs mitkommt." Und vermittelt noch ein

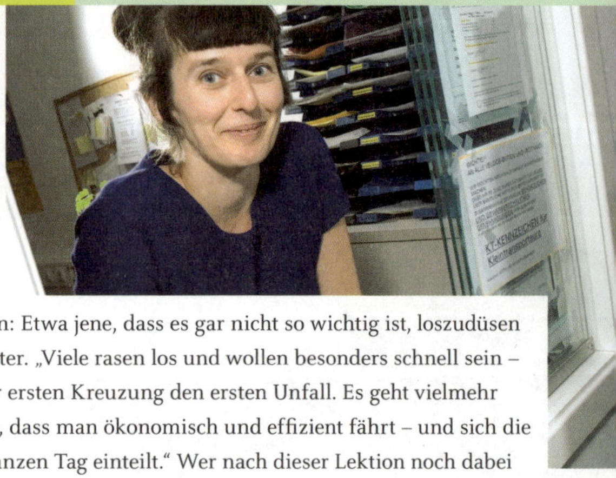

paar Kleinigkeiten: Etwa jene, dass es gar nicht so wichtig ist, loszudüsen wie ein Weltmeister. „Viele rasen los und wollen besonders schnell sein – und haben an der ersten Kreuzung den ersten Unfall. Es geht vielmehr darum, zu lernen, dass man ökonomisch und effizient fährt – und sich die Kraft über den ganzen Tag einteilt." Wer nach dieser Lektion noch dabei ist, erklärt Meislinger, bekommt einen Rucksack. Und ist damit also Fahrradbote. Und hat trotzdem immer wieder mit der Dame in der Zentrale zu tun: Meislinger ist nämlich auch Fahrerbetreuerin. Und auch wenn das im politisch korrekten Gender-Sprech ganz ganz verboten ist, lacht sie selbst, dass das ein bisserl eine Umschreibung von „Fahrermami" ist: Gerade die harten, coolen und toughen Jungs brauchen nämlich mitunter jemanden, bei dem sie sich ausweinen können. Der zuhört. Der sagt, dass die Welt echt ungerecht ist, wenn man da schon wieder einmal einen Patschen hat und der ganze Fahrplan durcheinandergerät. Oder wenn einem – was selten, aber doch auch vorkommt – unterwegs das Rad geklaut wird. Harte Jungs brauchen eben manchmal jemanden, der ihnen ein Pflaster abschneidet – oder (und das ist der Hauptteil der Arbeit) mit einem offenen Ohr dasitzt und Problemchen lokalisiert, bevor sie zu Problemen werden.

Denn – ergänzt Karin Meislingers Kollegin Michaela Kratzer („Buchhaltung und eben auch Fahrerbetreuung") – Fahrradboten seien oft ganz eigene Typen. Und neben den Studenten gebe es auch Leute mit mitunter komplexen Persönlichkeiten und Geschichten, die ihr Brot als Boten verdienen: Abenteurer. Aussteiger, die sich das Geld für die nächste Reise verdienen wollen. Aber auch Menschen, die in „klassischen" Berufen nie heimisch werden konnten. Oder wollten. Mitunter auch, weil sie mit Geld und 9-to-5-Verpflichtungen nicht gut umgehen können: „Es gab schon Fahrer", erzählt Kratzer, „die hoch verschuldet waren und einfach nicht mehr in den Briefkasten geschaut haben. Die dann plötzlich vor der Delogierung standen oder denen man das Rad unterm Hintern wegpfänden wollte." Und manchmal, ergänzt Meislinger, sei es da ein ganz banales kleines Gespräch, auf das es ankomme, um rechtzeitig einzugreifen. Oder Hilfe zu vermitteln. Und deswegen sei es wichtig, dass es da jemanden gibt, bei dem man als Bote reinspazieren und den neuen, aber eben doch sofort geplatzten Fahrradschlauch mit den Worten „Scheiße, schon wieder ein Patschen" auf den Boden pfeffern kann. Apropos Fahrradschlauch: Meislinger sammelt die kaputten Schläuche ein, wenn ihre Boten (und

Michaela Kratzer: Oft geht es um mehr als das rein Dienstliche – nämlich ums Zuhören. Egal, ob das Rad oder die Freundin verschwunden ist.

Botinnen) wieder weg sind. Weil sie sie recycelt: „Ich bin auf die Idee gekommen, weil die Schläuche immer bei uns herumgelegen sind. Das war die Kombination des herumliegenden Materials mit dem Frust der Boten, die reinkommen und fluchen: Ich habe mir gedacht, schade ums Material – und vielleicht kann man noch was Positives aus dem Malheur machen." Meislinger sammelt und reinigt die alten Schläuche, schneidet sie der Länge nach auf und näht sie dann wieder zusammen. „Dann werden neue schöne Sachen, Taschen zum Beispiel, draus." Dass die Taschen (unter dem Labelnamen „Kontiki") dann anfangs nach Gummi riechen, stört sie nicht: „Stimmt, das ist ein ganz eigener Geruch. Der Geruch von Fahrrad. Und das mögen ziemlich viele Leute."

BOTENECKE:

FUNKNAME: TAUSEND

WIE LANGE BIST DU SCHON BOTE?
3 JAHRE

BESCHREIBE DEIN FAHRRAD:
SCHWARZ UND WUNDERSCHÖN

WIE VIELE KILOMETER SCHAFFST DU AM TAG?
K.A.

WIESO BIST DU BOTE GEWORDEN?
GUTE FRAGE

DIE BESTE AUSREDE, WENN DICH EIN POLIZIST BEI IRGENDWAS ERWISCHT?
ABHAUEN

WELCHE VERKEHRSREGEL WÜRDEST DU WIRKLICH NIE ÜBERTRETEN?
EINBAHN, VORSCHRIFT AUF DER AUTOBAHN

DEIN SCHÖNSTES/SELTSAMSTES TRANSPORTSTÜCK ODER DEIN SELTSAMSTER AUFTRAG/FAHRT-BERICHT?
BIN MAL BESTELLT WORDEN, UM EINE KUH ABZUHOLEN (BACKSPIN IST ZEUGE)

WOZU TAUGEN AUTOS IN DER STADT?
ZUM VERBIETEN

Der „Feldherr", der seine Fahrer durch die „Schlacht" führt: Backspin

:: VOM SATTEL ANS FUNKGERÄT

Backspin bekam sieben Jahre lang mit, was da von wem wie an wen geschickt wurde.

Er ist einer der wenigen, die Veloce von außen, von innen und ganz innen drinnen kennen. Denn angefangen hat Backspin als Fahrradbote im Mai 2000 mit jungen 19 Jahren und aufgehört hat er als Funker im April 2007. Das ganz runde Siebenerjubiläum hat er aber gerade nicht mehr geschafft, „weil ich einfach nimmer wollt'." Und schließlich muss der 26-Jährige ja auch an seinem Traum, der Musikerkarriere, basteln. Ob das mit dem Rappen und Texten wirklich klappt, weiß er noch nicht so genau. Immerhin hat er schon mal Bühnenluft geschnuppert: „2005 hatte ich einen kurzen Auftritt beim Donauinselfest, das war schon toll – vor so vielen Leuten." Realistisch bleibt der HipHop-Fan trotzdem und will jetzt erst mal studieren. Was Geisteswissenschaftliches – denn Gedanken wälzen kann er auch ganz gut.

Aber zurück zum Anfang seines Berufslebens. Begonnen hat er bei Veloce aus dem „klassischen Grund", wie er sagt: „Ich hab mir gedacht, der Job als Fahrradkurier schaut so freigeistig aus." Und weil sein Herz damals schon für die Musik geschlagen hat, wurde das HipHop-Magazin „Backspin" namensgebend für ihn. Nach drei Jahren als Radbote ist der Rapper dann Dispatcher geworden. Ein etwas weniger freier Job. Aber nicht weniger anstrengend. Denn alles passiert parallel: Während Backspin mit jedem Fahrer permanent über Funk in Kontakt steht, sitzt er in einem Raum, in dem bis zu fünf weitere Personen arbeiten. In seinem Kopf fahren die Fahrer seine „Schlachten". Er ist der „Feldherr" am Hügel. Der Marionettenspieler. Der Taktiker. Vor seinem Auge flimmern Aufträge, in seinem Ohr zwitschern Zusatzinformationen seiner Mitstreiter in der Zentrale. Oder die kratzigen Töne aus dem Funk.

Ein anstrengender Job. Aber Backspin hat ihn sehr gerne gemacht, sagt er. Und er behauptet sogar, dass er einer der wenigen war, denen Funken wirklich Spaß gemacht hat. Ja, dass er sogar während seines Fahrradboten-Daseins gehofft habe, einmal Funker zu werden. Das Feine am Funken hört sich allerdings dann nicht mehr ganz so „freigeistig" an: „Die fixe Anstellung. Und dass ich gezwungen war, jeden Tag in der Früh aufzustehen und hinzugehen – das war beim Fahren nicht so." Selbstdisziplin, gibt der Ex-Funker zu, ist eben nicht jedermanns Sache.

Backspin hat den Job als Dispatcher gut gemacht. Sagen die Fahrer: „Du bist unser Chefchen und wir deine Schäfchen." Und wenn das Leute sagen, deren Naturell eher auf „widerborstig" getunt ist, ist das etwas wert.

Das Geheimnis, sagt der Funker, liege in der Fairness. Dass man nicht einzelne Fahrer bevorzugt: „Ich hab immer geschaut, dass ich die Aufträge fair verteile. Mit der Zeit haben sich Freundschaften entwickelt – aber ich habe immer versucht, das vom Job zu trennen." Und dann war da natürlich noch die eigene Erfahrung: Drei Jahre auf der Straße waren eine gute Schule für die Wünsche und Bedürfnisse der Fahrer. Und Geschichten von Verfolgungsjagden mit Polizeikontakt gaben dem Funker auch die nötige Glaubwürdigkeit auf der Straße.

„Einmal wurde ich von der Polizei verfolgt, mit Blaulicht. Ich hab's zuerst nicht einmal gemerkt und dementsprechend hab' ich noch weitere ‚Straftaten' begangen." Anfangs war da nur eine rote Ampel. Außerdem fuhr der Bote auf dem „Schienenkörper" der Straßenbahn. Das ist laut StVO aber ganz besonders streng verboten. „Bei der Zollamtsstraße war das. Ich hab eh gesehen, dass da ein Polizeiauto mit Blaulicht ist, aber man denkt ja nicht, dass die einem selber nachfahren." So wurde Delikt auf Delikt protokolliert – und bei Wien Mitte, wo er nach 10 Minuten „Jagd" gestoppt wurde, waren es dann fünf. Die Polizisten waren „eher ungut", meint Backspin, er selbst aber vielleicht auch: „Ich hab mich ein bisschen schnippisch aufgeführt: Die wollten mir sogar Handschellen anlegen, weil ich dreimal weggegangen bin, um mein Rad abzusperren. Sie haben mir gesagt, dass ich das Rad jetzt nicht abstellen kann. Bis sie mich dann zu zweit zum Fahrradständer begleitet haben. Dann wollten sie mir wieder Handschellen anlegen, weil ich mich angeblich nicht ‚kooperativ' verhalten habe. Da war ich dann schnell kooperativer, auf die Wache haben sie mich aber trotzdem gebracht." Dort wurde dem Boten eine Strafe von 2.000 Euro in Aussicht gestellt. De facto waren es dann zwar „nur" 150 Euro – aber das wusste der Ex-Bote auch erst, als die Verfügung dann vor ihm lag. Und das Erlebnis war prägend: „Das war am zweiten Tag, an dem ich gefahren bin." Wirklich heilsam war diese frühe harte Behandlung zwar nicht, aber immerhin schaut Backspin seither bei roten Ampeln zweimal: „Ich schaue, ob's geht – und ob nirgends die Polizei steht. Das mach ich jetzt echt wirklich immer." Schließlich müsse man gerade als Bote doppelt vorsichtig sein. Weil man so sichtbar ist: „Der Vorteil der gelben Rucksäcke ist, dass man besser gesehen wird. Und der

FUNKNAME: FRANZOSE

WIE LANGE BIST DU SCHON BOTE?
1 WOCHE

BESCHREIBE DEIN FAHRRAD:
MULTI-SERVICE

WIE VIELE KILOMETER SCHAFFST DU AM TAG?
K. A.

WIESO BIST DU BOTE GEWORDEN?
EIN SPORTLICHER STUDENT; NEBENJOB

DIE BESTE AUSREDE, WENN DICH EIN POLIZIST BEI IRGENDWAS ERWISCHT?
ISCH NIX VERSTEHEN!

WELCHE VERKEHRSREGEL WÜRDEST DU WIRKLICH NIE ÜBERTRETEN?
VORRANGREGEL

DEIN SCHÖNSTES/SELTSAMSTES TRANSPORTSTÜCK ODER DEIN SELTSAMSTER AUFTRAG/FAHRTBERICHT:
NOCH NICHT GENUG ERFAHRUNG

WOZU TAUGEN AUTOS IN DER STADT?
- - - - -

Nachteil der gelben Rucksäcke ist auch, dass man besser gesehen wird." Und wenn ein Polizist da Fehlverhalten entdecken will, mache es ihm kaum ein Bote schwer: „Man braucht einem Boten ja nur zehn Minuten nachzufahren und man hat schon irgendein Delikt."

Mit Delikten kennt sich Backspin aber nicht nur als „Täter" aus: In den sieben Jahren bei Veloce sind ihm fünf Räder gestohlen worden. „Da bin ich dann irgendwann nimmer zur Polizei gegangen, denen ist das eh wurscht. Sie können ja auch nicht wirklich was machen. Und wegen dem bissl Versicherung zur Polizei?" Deshalb empfiehlt der Fahrer ein Rad, das zwar super ist, aber nicht so ausschaut. „Das ist die Stil-, besser gesagt Stehlkomponente." Und dann, merkt der Fahrer an, habe er in diesem Zusammenhang noch etwas zu gestehen. Eine Tat, die ihm seit Jahren in der Seele brenne und von der er auch fürchte, dass sie sein Karma nachhaltig negativ beeinflussen könnte: „Einmal hab ich selbst ein Rad gestohlen." Obwohl: So sicher ist sich Backspin da eh nicht. „Ich hoffe bis heute, dass ich es nicht wirklich gestohlen hab, weil ich so was eigentlich nicht machen würde und will."

Aber der Reihe nach: Backspin stellte sein Fahrrad vor der Veloce-Zentrale ab. „Ich hab mir noch gedacht: Direkt vor der Zentrale traut sich eh keiner, ein Rad zu stehlen. Und dann war's natürlich weg. Aber dafür ist ein anderes Rad unversperrt an exakt demselben Platz gestanden. Irgendwie war da der Verdacht nahe liegend, dass das sicher das Rad von dem Dieb ist. Ich hoffe, dass es wirklich so war – und es hat sich auch in den darauf folgenden Tagen niemand beklagt." Eines hat Backspin da aber auch gelernt: Der Oma-Spruch „Unrecht Gut gedeihet nicht" ist falsch: „Das Rad hab ich immer noch."

Dennoch betont er, dass das seine prinzipiell positive Einstellung zur Welt nicht verändert habe. Und das gelte eben auch für die Arbeit: „Die besten Momente sind die, in denen Menschen nett zu dir sind. Es ist wirklich toll, wenn man abgestrampelt wo hinkommt, und man wird gefragt, ob man einen Kaffee will." Und außerdem stimme das Klischee auch ein bisserl: Als Mann werde man mitunter durchaus fürs Stiegensteigen belohnt: Als Bote bekommt man da in den Sekretariaten und Firmen schon was zum Schauen." Aber mehr war da nicht. Nie. Ehrlich. Und – eigentlich – leider: „Ich hatte da noch nie Glück." Andere angeblich schon. Jedenfalls hörte es sich dann, als aus dem Fahrer ein Funker geworden war, immer wieder so an: „Einmal hat eine Dame angerufen und hat extra einen schönen Mann bestellt." Außerdem gibt es Legenden: etwa jene über einen Boten, „der von der Frau, die ihm geöffnet hat so richtig hergenommen worden ist". Aber, schränkt Backspin ein, das könne auch Botenlatein sein – er selbst kenne diese Geschichte nur als Erzählung. Mit dem Beginn: „Damals, vor vielen Jahren ..."

Weniger Schlüpfriges, doch durchaus Erheiterndes erlebe man aber gerade am Funk laufend: „Da hat es zum Beispiel eine Dame gegeben, die regelmäßig angerufen hat, damit wir ihrem Kind Topfengolatschen in die Schule bringen. Da sind wir dann halt auch regelmäßig in den Unterricht geplatzt. Mit einer Golatsche." Das waren Fahrten, bei denen Backspin gerne selbst wieder Bote gewesen wäre: „Ich hätte gern gesehen, wie die Frau Lehrerin da schaut." Überhaupt sei das Gesicht und das Lächeln eines oder einer Belieferten oft Grund genug, den Job zu machen: „Zum Valentinstag 2007 haben wir der Sängerin einer bekannten Gruppe Sandwiches und einen Blumenstrauß gebracht." Mit einem schönen, lieben Valentinsgruß von ihrem Freund. „Das ist schon was Tolles, wenn man als Bote Liebe transportieren darf." Aber bei aller Romantik gebe es da einen wichtigen praktischen Aspekt zu beachten: „Man muss höllisch aufpassen, dass Blumen nicht zerdrückt werden, sonst steht man da mit einem hässlichen Strauß, der das schöne Mädchen gar nicht verdient. Und das geht ja nun wirklich nicht."

Manchmal, gibt Backspin zu, stoße aber dann auch das Fahrrad an Grenzen. Entweder tonnagemäßig – oder wegen der Distanz. Als Funker bekomme er aber mit, dass auch das Leben der Autoboten mitunter spannend sein kann. Etwa dann, wenn man einen einzigen kleinen Schlüssel nach Kitzbühel bringen muss. Und zwar „pronto & presto" – im Dienste der Mobilität: „Vor ein paar Monaten hatten wir diesen Fall. Da hat ein Kunde angerufen, der auf einem Fest in Kitzbühel war und dann vor seinem Auto gestanden ist – weil er den Schlüssel verloren hatte. Und dann haben wir tatsächlich für 400 Euro den Ersatzschlüssel von seiner Wohnung in Wien geholt und nach Kitz geliefert." Ende gut – alles gut? Nicht ganz: „Dort hat sich dann rausgestellt, dass man uns in Wien den falschen Schlüssel gegeben hat." Mitleid mit dem Wiener in Tirol hat Backspin aber wenig: „Da merkt man halt, dass Botenfahrten manchmal auch reiner Luxus sind. Ich mein, der konnte das ja nur machen, weil ihm 400 Euro komplett egal sind."

BOTENECKE:

FUNKNAME: FORTUNA

WIE LANGE BIST DU SCHON BOTE?
9 JAHRE

BESCHREIBE DEIN FAHRRAD:
FITNESSBIKE

WIE VIELE KILOMETER SCHAFFST DU AM TAG?
60–90

WIESO BIST DU BOTE GEWORDEN?
FREIE ZEITEINTEILUNG IN EINEM COOLEN JOB

DIE BESTE AUSREDE, WENN DICH EIN POLIZIST BEI IRGENDWAS ERWISCHT?
SUCHE ICH NOCH

WELCHE VERKEHRSREGEL WÜRDEST DU NIE ÜBERTRETEN?
AUF DER AUTOBAHN FAHREN

DEIN SCHÖNSTES/SELTSAMSTES TRANSPORTSTÜCK ODER DEIN SELTSAMSTER AUFTRAG/FAHRTBERICHT?
LEBENDE HEUSCHRECKEN ALS FUTTER FÜR ?;
SILIKON-BRUST-IMPLANTATE

WOZU TAUGEN AUTOS IN DER STADT?
BEHINDERN SICH GEGENSEITIG UND MACHEN UNSEREN JOB NÜTZLICHER

::: „ALSO G'SUND IST DAS SICHER NICHT, ODER?"

Dass Radfahrer in der Stadt mehr Gift einatmen als Autofahrer, glauben viele Menschen. Nur: Es stimmt halt nicht.

Über manche Dinge muss man nicht wirklich diskutieren: Natürlich ist die Luft am Land besser. In den Bergen sowieso. Und natürlich atmet es sich feiner, wenn man mit dem Rad durch die Lobau strampelt, als wenn man sich vom Matzleinsdorfer Platz, zwischen den Autos durch, durch den Stau hinauf zur Spinnerin am Kreuz kämpft. Und falls es irgendjemanden gibt, der daran zweifelt und – nach einem Selbstversuch – behauptet, dass er auch ganz subjektiv und olfaktorisch keinen Unterschied zwischen Grünlandradeln und Stadtverkehr mitbekommt, genügt es, sich zu schnäuzen. Und dann ins Taschentuch zu schauen. Oder aber sich eine jener netten Atemmasken umzuschnallen und das ursprünglich weiße, etwa fußballfeldgroße Filtertuch nach ein paar Stunden Stadtverkehr auseinanderzufalten und einmal genauer anzusehen: Ja eh – das ist kein schöner Anblick.

Und deshalb wissen auch alle – insbesondere die Autofahrer, die im Stau aus dem Seitenfenster herausschauen – dass das nicht gut sein kann, was man da tut. Nicht gesund. Eigentlich, vermutlich, ja gefährlich: Mit dem Fahrrad in der Stadt zu fahren ist unverantwortlich. Man vergiftet sich selbst. Radfahren in der Stadt grenzt also an pulmologische Selbstverstümmelung. Wegen der dreckigen Luft und der Abgase. Oder etwa nicht?

„Oder" stimmt. Behauptet jedenfalls Elke Studer. Und weil Behaupten allein ein bisserl dürftig ist, legte Studer da gleich eine wissenschaftliche Arbeit dazu: Am Institut für Sportwissenschaften reichte sie im September 1988 ihre Diplomarbeit ein. Titel: „Gesundheitliche Auswirkungen des Radfahrens im Großstadtverkehr". Und in der Diplomarbeit entkräftete die Sportwissenschafterin dann sukzessive all das, was man Radfahrern (aber auch Läufern und anderen Sportlern) in der Stadt gemeinhin an den Kopf wirft: Wer sich im urbanen Raum körperlich intensiv betätigt, führt seinem Körper dabei nicht mehr Gift- und Schadstoffe zu, als wenn man im Auto oder in der Straßenbahn sitzt oder einfach am Gehsteig spaziert. Manchmal, so Studer, ist die Schadstoffkonzentration und -aufnahme in Fahrzeugen sogar höher als am Rad. Dass die Studie sich dabei auf Zahlen aus dem Jahr 1988 beruft, ändert an den Ergebnissen nichts: Luftqualität, und Schadstoffbelastung mögen sich seither zwar verändert haben – aber

immer noch atmen alle Verkehrsteilnehmer ihren ganz spezifischen Anteil an diesem Cocktail ein.

Im Detail fasste Studer dann minutiöse Studien verschiedenster Institute und Umweltmessstellen aus aller Welt zusammen: Die Belastung durch Staub und Feinstaub etwa hatte die „Messstelle für Arbeits- und Umweltschutz" in Bremen gemessen, indem sie Autofahrer, Straßenbahnfahrgäste und Radfahrer mit Messboxen (in der Höhe der Nase) versehen und dann ermittelt hatte, wer da wie viel wovon inhaliert hatte. Und wie viel davon vom Rachen bis in die Lunge gekommen war. Die Ergebnisse waren überraschend: „Im Gesamten betrachtet inhalieren die Radfahrer am wenigsten Grob- und Feinstäube", erkannte man – und erkannte auch wieso: „Ein Grund, dass die Radfahrer weniger gefährdet sind, ist ihre höhere Sitzposition. Autoinsassen sitzen tiefer und inhalieren daher auch die Luft, die in Bodennähe schadstoffkonzentrierter ist." Insbesondere Gebläse (heute wohl: Klimaanlagen) seien tückisch: Im Stau, so die Studienautoren, befinde sich die Ansaugstelle oft ziemlich nahe am Auspuff des vorderen Wagens. Radfahrer, zitierte Studer die Bremer Umwelttechniker, säßen aber nicht nur höher als Autoinsassen, sondern auch eine Spur weniger in der Mitte der Straße – auch das führe bereits zu einer signifikanten Reduktion der Schadstoffbelastung.

Ähnlich war auch das Ergebnis bei der Untersuchung der Kohlenmonoxid-Belastung von Stadtradfahrern: Studer fand eine Studie des deutschen Umweltbundesamtes, in der die CO-Belastung von Radlern und Autofahrern über transportable Luftansaugbehälter in Nasenhöhe gemessen wurde. Über zehn Tage gemessen, lagen die CO-Mittelwerte der Radfahrer etwa bei der Hälfte jener von Kfz-Insassen.

Auch andere Studien beschäftigten sich bereits mit dem Kohlenmonoxid, das da in des Bikers Lungen gelangt. Und berücksichtigten auch, dass Radfahrer oft ein bisserl heftiger atmen als Autofahrer. Dennoch: Sowohl Wissenschafter, die im Auftrag des US-Department of Transportation testeten, als auch Untersuchungen über längere Fahrten im Londoner

Stadtverkehr kamen einhellig zu einem Schluss: Radfahrer waren weniger belastet als Autofahrer – und Schädigungen konnten nicht nachgewiesen werden. Nebenbei: Rauchen, fand man in London heraus, ist weit ungesünder als City-Biken. Und auch ungesünder als das, was gemeinhin als der Schadstoff-Schluck-Job schlechthin gilt: der eines Polizisten, der über Stunden mitten auf einer stark befahrenen Kreuzung den Verkehr zu regeln hat.

Parallel zu den Kohlenmonoxidbelastungen wurden übrigens auch die Stickoxide gemessen. Und auch hier konnte keine Mehr- oder Stärkerbelastung von (gesunden) Probanden beim Radfahren oder sonstigen körperlichen Aktivitäten im Vergleich mit „inaktiven" Menschen erkannt oder nachgewiesen werden.

Freilich: Bei den Kohlenwasserstoffen sieht das Verhältnis anders aus. In Göteborg ermittelte Belastungswerte ergaben, dass Radfahrer im schnellen Autoverkehr viermal so viele Kohlenwasserstoffe wie Autofahrer einatmen. Im langsamen Verkehr ändert sich dieses Verhältnis dann zwar zugunsten der Radler – dennoch, so Studer, atmen Radfahrer auf der Fahrbahn doppelt so viel „Gift" ein wie Autofahrer. Ähnlich die Ergebnisse, die man bei klinischen Versuchen zur Leistungsfähigkeit bei steigender Ozonbelastung durchführte: Bei hohen – heute generell als „schädlich" erkannten – Ozonwerten sinkt die Leistungsfähigkeit bei körperlicher Belastung. Und Beschwerden (Husten, Atemnot, Engegefühl in der Brust etc. ...) machen sich bemerkbar.

Bei Schwefeldioxid – einem der Hauptinhaltsstoffe von Smog – hingegen fand Studer zwar zahlreiche Studien, die auf die Gefahren von hohen Konzentrationen von SO_2 in der Atemluft für Asthmatiker hinweisen – körperlich gesunde Radfahrer würden aber auch beim Radeln nicht mehr leiden als Autofahrer oder Fußgänger.

Insgesamt, fasst Studer ihre Diplomarbeit zusammen, könne also von keiner relevanten oder signifikant größeren Gesundheitsgefährdung von Radfahrern im Straßenverkehr durch Luftschadstoffe die Rede sein. Erst recht nicht, so die Autorin, wenn man mit in Betracht ziehe, dass schon halbwegs regelmäßiges Radfahren – die Rede ist hier von entspannten bis zügigen Fahrten zu Uni oder Office, nicht von Hardcore-Botenjobs – nachweislich zu einer besseren körperlichen Gesamtkonstitution führt: Nicht nur das bei vielen Städtern längst notorische Bewegungsdefizit werde verringert, sondern auch – unter anderem – die Herz-Kreislauf-Aktivität gesteigert und die Anfälligkeit für Atemwegserkrankungen gesenkt. Auch das belegt

Paul Haber, der Doyen der österreichischen Sport- und Leistungsdiagnostiker

Elke Studer in ihrer Diplomarbeit mit internationalen Studienergebnissen. Studers Fazit ist somit klar: „Menschen im Auto oder zu Fuß inhalieren im Allgemeinen nicht weniger Schadstoffe als körperlich arbeitende Personen." Und: „Regelmäßig Sport treibende Menschen mit gutem Gesundheitszustand weisen allgemein eine geringere Anfälligkeit für Erkrankungen auf ... Diese tägliche Bewegung (das Radfahren in der Stadt, Anm.) ist meiner Ansicht nach für die Gesundheit eines Menschen von nachhaltigerer Wirkung als der Einfluss der Schadstoffe in der Wiener Luft."

Freilich: Elke Studers Arbeit ist mittlerweile fast 20 Jahre alt. Und auch wenn sich nichts daran geändert hat, dass Benutzer von Rad, Auto und öffentlichen Verkehrsmitteln alle denselben mehr oder weniger sauberen Luftcocktail einatmen, könnte es ja durchaus sein, dass sich all das, was Studers Studien damals sagten, mittlerweile als falsch erwiesen hat.

Nur: Dem ist nicht so. Das betont jedenfalls der Wiener Sportmediziner Paul Haber, der gemeinhin als der „Doyen der österreichischen Leistungsdiagnostik" gilt: „Ein Verkehrspolizist, der da mitten auf der Opernkreuzung den Verkehr regelt, ist viel höheren Schadstoffkonzentrationen ausgesetzt als jeder Radfahrer. Radfahren in der Stadt hat keine nachteiligen Aspekte oder Effekte im Vergleich zu anderen Verkehrsteilnehmern", erklärt Haber. Und speziell in Wien „besteht da auch für niemanden eine gesundheitliche Gefährdung. Die Luftqualität hier ist überhaupt kein Problem." Die Belastung beim städtischen Radfahren, so der Sportmediziner, „wird bei weitem überschätzt. Meistens von Leuten, die selber nicht Rad fahren." Dass Radfahrer in Summe mehr Schadstoffe einatmen, könne allerdings schon stimmen. „Natürlich, der Radfahrer atmet ja generell mehr ein als andere Menschen im Straßenverkehr. Aber auch das ist absolut unbedenklich, er bewegt sich ja und ist immer nur relativ kurze Zeit den möglichen hohen Konzentrationen ausgesetzt. Etwa an Kreuzungen: Da bleibt kein Radfahrer hinter den Autos stehen." Was man, wiederholt der Lungenexperte im Gespräch über die Erkenntnisse aus Studers Arbeit, von den Luftansaugstutzen einer Kfz-Klimaanlage nicht immer behaupten könne.

Davon, dass Stadtradfahren im Allgemeinen und Botenfahren im Besonderen ungesund sei, könne, so Haber, daher keine Rede sein: „Vom sportlichen Aspekt her, also aus der Sicht des Trainingseffektes, wäre das Botenfahren sicherlich zu empfehlen: Diese Leute sind zum Teil in einem Trainingszustand wie Leistungssportler. Ich habe einmal einen Fahrradboten untersucht – nicht im Rahmen einer Studie, sondern weil der das einfach selbst wissen wollte. Der hatte eine Sauerstoffaufnahme, die mit der eines austrainierten Leistungssportlers vergleichbar war. Auch alle anderen Werte waren ident mit denen von Leistungssportlern." Man dürfe derlei, betont der Arzt, zwar nicht verallgemeinern, denn es komme natürlich schon drauf an, „wie man fährt: Es gibt ja sicher auch Boten, die gemütlich unterwegs sind – aber das ist immer noch schneller als die meisten anderen Radler. Und andere Boten fahren jeden Tag stundenlang im trainingsrelevanten Bereich. Das macht dann vom Trainingseffekt her einen enormen Unterschied – obwohl es bei den Fahrzeiten und Geschwindigkeiten vielleicht nur ein paar Minuten sind."

Dennoch möchte der Arzt dann schon noch eine nicht ganz unrelevante Gesundheitswarnung anbringen: „Trotzdem hat jeder, der sagt, dass Radfahren in der Stadt potenziell gefährlich ist, natürlich in einem Punkt Recht: Man kann vom Straßenverkehr überrollt werden."

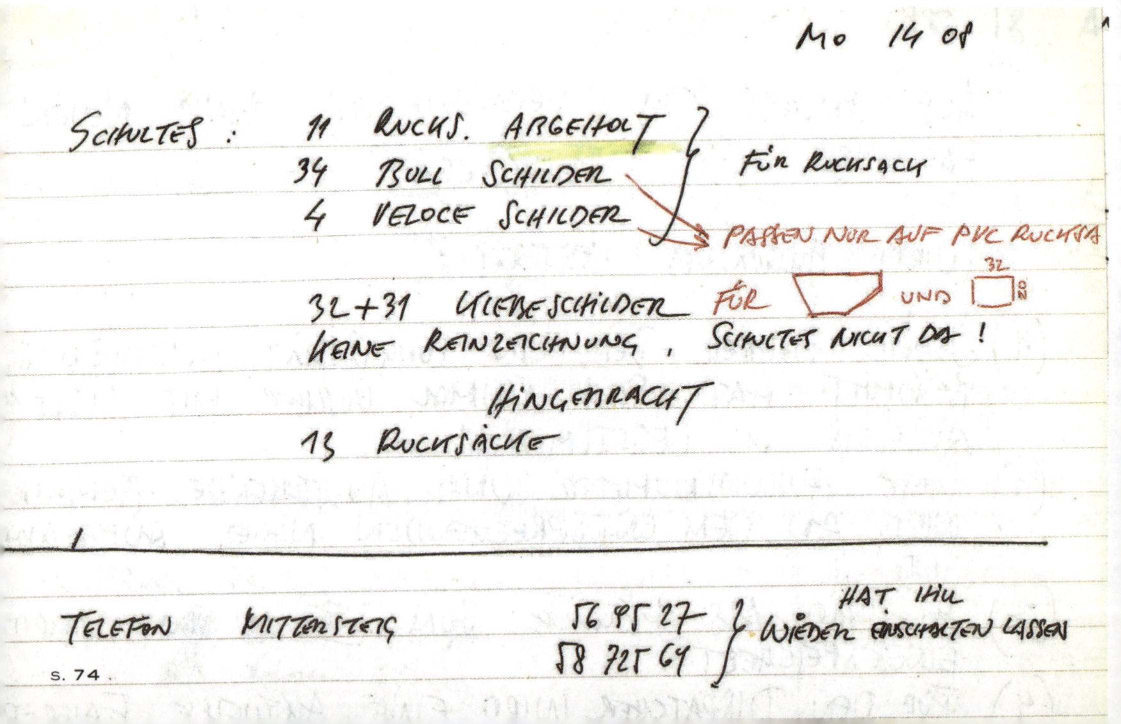
Mo 14 08

SCHULTES: 11 RUCKS. ABGEHOLT
34 BULL SCHILDER
4 VELOCE SCHILDER
FÜR RUCKSACK
PASSEN NUR AUF PVC RUCKSA

32+31 KLEBESCHILDER FÜR UND
KEINE REINZEICHNUNG, SCHULTES NICHT DA!
HINGEBRACHT
13 RUCKSÄCKE

TELEFON MITTERSTEIG 56 95 27
58 725 64
HAT IHM WIEDER EINSCHALTEN LASSEN

::: DIE GEHEIME VELOCE-HANDSCHRIFTENSAMMLUNG

David Dolezals „Handschriftensammlung“ wurde hier ja schon gewürdigt. Über Jahre hinweg hat Dolezal das Buch der seltsamen Erlebnisse gehütet wie seinen Augapfel – und darauf geachtet: Vor der Einführung von E-Mail und Intranet achtete er darauf, dass kein seltsamer Vorfall undokumentiert blieb. Und danach verwahrte er die Sammlung – in der Hoffnung, die Handschriften irgendwann einmal zur Veröffentlichung freigeben zu können. Weil es schade wäre, wenn das alles verloren ginge.

Aus Dolezals Archiven

Als der Radbote von der Zustellung im Kundenbüro zurückkam, war sein Fahrrad (obwohl angehängt) nicht mehr da. Suche, Verzweiflung, Zentrale anfunken: „Hilfe, mein Fahrrad gestohlen ...“ Am Abend war alles in der Sendung „Mit versteckter Kamera“ zu sehen.

Ein Radfahrer rutschte auf dem frischen Neuschnee aus. Als er sich stuntmanartig abrollte und sofort wieder aufs Rad schwang, klatschten die Passanten Beifall.

Ein anderer Radbote fuhr (natürlich nur weil's der Kunde wirklich extrem eilig hatte) gegen die Einbahn. Die Polizei nahm mit Blaulicht die Verfolgung auf. Da war aber der flinke Radler schon beim Kunden. Dieser, froh über die schnelle Zustellung, lieferte den Boten nicht der Polizei aus, sondern öffnete ihm ein Fenster. Dort sprang unser edler Veloce-Bote alsogleich samt Fahrrad hinaus und ward von der Polizei nie mehr gesehen. Und wenn's nicht wahr wär, es wär gut erfunden.

Übrigens war das ein anderer Bote als der, den die Polizei mit gezogener Dienstwaffe mitten in der belebten Fußgängerzone stoppte, nachdem die Verfolgungsjagd bereits durch etliche Straßenzüge geführt hatte.

DER FRUCHTBARSTE AUFTRAG:

NUMMER 4: HERBERT TRANSPORTIERT VON DER SAMENBANK INS AKH. SEHR DRINGEND.

DER FETTESTE AUFTRAG:

NUMMER 257: 37 HALBE HENDLN VOM WIENERWALD ZUR TIROLER SPARKASSE (PLUS SALAT)

FUNKNAME: MAX

WIE LANGE BIST DU SCHON BOTE?
SEIT 1986

BESCHREIBE DEIN FAHRRAD:
SCHWARZ, BILLIG

WIE VIELE KILOMETER SCHAFFST DU AM TAG?
50

WIESO BIST DU BOTE GEWORDEN?
WEIL ICH GELD BRAUCHE

DIE BESTE AUSREDE, WENN DICH EIN POLIZIST BEI IRGENDWAS ERWISCHT?
KEINE, ICH KANN SO SCHLECHT LÜGEN.

WELCHE VERKEHRSREGEL WÜRDEST DU NIE ÜBERTRETEN?
KEINE

DEIN SCHÖNSTES/SELTSAMSTES TRANSPORTSTÜCK ODER DEIN SELTSAMSTER AUFTRAG/FAHRTBERICHT?
TOTER, GEFRORENER HUND

WOZU TAUGEN AUTOS IN DER STADT?
AUSSER RETTUNG UND FEUERWEHR NICHTS

DER UMNACHTETSTE AUFTRAG:

NUMMER 330:

DRINGENDE FAHRT: 60 ASPIRIN
10 BIER (EGAL WELCHE MARKE, ABER BIER!)
1 DOPPLER WEIN
1 FLASCHE RUM

FÜR WIEDNER GÜRTEL 12. BOTE BEKOMMT 30 SCHILLING TRINKGELD

DER ÜBERNACHTIGSTE AUFTRAG:

NUMMER 629: 7, ZOLLERGASSE ANFAHREN, DORT 10 MINUTEN LANG GEGEN TÜR PUMPERN ZWECKS AUFWECKEN EINES VERSCHLAFENDEN UND DRINGEND GEBRAUCHTEN FALTER-REDAKTEURS

DER LÄNGSTE AUFTRAG:

NUMMER 899: EINE DAME MELDET SICH AM TELEFON: »GRÜSS GOTT, ICH HÄTTE BITTE EINE LEITER ZU TRANSPORTIEREN.« DAVE: »EIGENTLICH SIND WIR EIN FAHRRADBOTENDIENST, ABER ICH KANN IHNEN EIN AUTO BESORGEN.« DAME: »AUCH GUT, ALSO BITTE DIE LEITER VON DER LIECHTENSTEINSTRASSE ABZUHOLEN UND IN DIE GARNISONGASSE BRINGEN.« DAVE: »OKAY. WIE GROSS IST DIE LEITER?« DAME: »7,50 METER. AUSGEZOGEN IST SIE ETWA 22 METER LANG.« SECHS BOTEN TRUGEN DIE LEITER ZU FUSS QUER DURCH DIE STADT. STAUS IM GANZEN GEBIET WAREN DIE FOLGE.

DER HAARIGSTE AUFTRAG:

NUMMER 516: BOTIN LÄUTET AN. HERR PILL MELDET SICH NICHT, BOTIN FRAGT IM CAFÉ AN DER ECKE. HERR PILL IST EH DA UND SPIELT SCHACH. ER GIBT DER BOTIN 3.000 SCHILLING UND DEN AUFTRAG, SEIN TOUPÉ VOM BAUERNMARKT ABZUHOLEN. ALS BOTIN MIT TOUPÉ WIEDERKOMMT, BEKOMMT SIE 150 SCHILLING TRINKGELD.

DER RADIOAKTIVSTE AUFTRAG:

NUMMER 500: VORN IM EINGANG EINER SKANDINAVISCHEN BOTSCHAFT SITZT EIN PORTIER IN EINEM HÜTTERL AUS PANZERGLAS UND GIBT ÜBER LAUTSPRECHER SEINE ANWEISUNGEN: »DES MÜSSEN'S ALLES AUSZIEHEN!« NACHDEM ICH ALSO ALLE DIESE HOCHGEFÄHRLICHEN VELOCE-UTENSILIEN SAMT FUNKGERÄT ABGEGEBEN HABE, WERDE ICH NOCH MIT EINEM SPEZIAL-DETEKTOR VON EINEM ZWEITEN PORTIER KÖRPERVISITIERT, SAGT BOTE MÜSLI. ENTSCHÄRFT DARF ICH DANACH 45 MINUTEN WARTEN, BIS ICH DEN VISA-ANTRAG ABGEBEN KANN. WÄHRENDDESSEN VERSUCHT DER DISPATCHER

Mo 14 08

...CKS. ABGEHOLT
...LL SCHILDER
...OCE SCHILDER
FÜR RUCKSACK
PASSEN NUR AUF PVC RUCKSA...
KLEBESCHILDER FÜR ... UND ... 32
RE...ZEICHNUNG SCHNITTE NICHT DA!

VERZWEIFELT, MICH PER FUNK ZU ERREICHEN. DIE PORTIERE WERDEN DES »OFFENEN« FUNKIS NICHT GANZ HERR UND KOMMEN IN DEN GENUSS VON 45 MINUTEN »RADIO VELOCE«. ALS SIE MIR RUCKSACK UND FUNKI NACH ERLEDIGTER ARBEIT WIEDER ZURÜCKGEBEN, MEINT DER EINE VOLL BEWUNDERUNG: »BEI EUCH SPIELT ES SICH JA GANZ SCHÖN AB!«

DER GEFÄHRLICHSTE AUFTRAG:

NUMMER 230: FUNKER AN GAFFI: »FAHR GUMPENDORFER STRASSE 9. IM LOKAL IM GASTGARTEN SITZEN ZWEI TYPEN, DER EINE IST 1,95 METER GROSS UND HAT EINEN DOBERMANN, DER ANDERE HAT NUR MEHR EINEN FUSS.«

DIE GRÖSSTE VERWECHSLUNG:

NUMMER 545: MÜSLI: IN EINER EINFAHRT AM GRABEN STEHT EIN KLEINER LIEFERWAGEN. DER FAHRER BEÄUGT MICH ETWAS SKEPTISCH. ALS ICH DANN ZUM FUNKGERÄT GREIFE, UM MICH ALS FERTIG IN DER ZENTRALE ZU MELDEN, STÜRZT DER FAHRER AUF MICH ZU UND FRAGT ÄNGSTLICH: »SIND SIE VON DER ZIVILSTREIFE? DIE SOLLEN JA JETZT VERSTÄRKT IN DER FUSSGÄNGERZONE KONTROLLIEREN? ICH LIEFERE JA NUR AUSNAHMSWEISE AM NACHMITTAG. DAS IST SICH NICHT ANDERS AUSGEGANGEN ...« MÜSLI DARAUF: »ICH BIN FAHRRADBOTE.« DAS WAR FÜR DEN PARK-DELINQUENTEN NICHT WENIGER GEHEIMNISVOLL, ERST DER GELBE RUCKSACK SAMT AUFSCHRIFT KONNTE IHN BERUHIGEN: »NA, DA BIN ICH ABER FROH! WIEDERSCHAUN!«

DIE ZWEITGRÖSSTE VERWECHSLUNG:

NUMMER 731: QUAXL MUSSTE BEI EINER BANK ETWAS ZUSTELLEN. EIN BANKBEAMTER LEITET QUAXL UND SEIN BEIWAGERL (VELOCE SPRECH FÜR FAHRRADBOTENTRAINEE) DISKRET ZUM HINTEREINGANG. DIE ANGESTELLTEN GLAUBTEN, ES HANDLE SICH UM EINEN BANKÜBERFALL, UND GINGEN IN DECKUNG.

DIE KLEINSTE VERWECHSLUNG:

NUMMER 113: DAS KUNDENTELEFON LÄUTET, DAVID HEBT AB UND MELDET SICH: »VELOCE ...« KUNDE DARAUF: »GRÜSS GOTT, FRAU VELOCE, KÖNNTE ICH BITTE IHREN MANN SPRECHEN?«

DER GRÖSSTE SCHADENSFALL:

NUMMER 955: »JETZT IST DAS NEUE IBM-HAUS GRAD DEN ERSTEN TAG IN BETRIEB UND ICH HAB'S SCHON Z'SAMMG'HAUT«, RUFT CLAUDIA IN DEN FUNK.

BOTENECKE:

FUNKNAME: OLMO

WIE LANGE BIST DU SCHON BOTE?
SEIT 1997

BESCHREIBE DEIN FAHRRAD:
SILBER; URSPRÜNGLICH NEWSON; ALT

WIE VIELE KILOMETER SCHAFFST DU AM TAG?
50

WIESO BIST DU BOTE GEWORDEN?
VON FREUNDEN EMPFOHLEN

DIE BESTE AUSREDE, WENN DICH EIN POLIZIST BEI IRGENDWAS ERWISCHT?
- - - - -

WELCHE VERKEHRSREGEL WÜRDEST DU NIE ÜBERTRETEN?
SCHUTZWEG

DEIN SCHÖNSTES/SELTSAMSTES TRANSPORTSTÜCK ODER DEIN SELTSAMSTER AUFTRAG/FAHRTBERICHT?
- - - - -

WOZU TAUGEN AUTOS IN DER STADT?
LUFTVERSCHMUTZUNG UND PLATZVERSCHWENDUNG, TRANSPORT

»NACHDEM ES DORT KEINE FAHRRADPARKPLÄTZE GIBT, HAB ICH MEIN RAD IN EINE NISCHE NEBEN DEM EINGANG GESTELLT. LEIDER GING WENIG SPÄTER EINE ELEKTRONISCHE SCHIEBETÜR AUF UND DRÜCKTE DAS RAD IN DIE WAND HINEIN. ZWEI PERSONEN MUSSTEN ZIEHEN UND ZERREN, UM DAS RAD WIEDER AUS DER WAND RAUSZUBRINGEN. TÜR KAPUTT. RAD KAPUTT. FAHRRADABDRUCK IN DER WANDVERKLEIDUNG.«

DER HÖCHSTE RADSTÄNDER:

NUMMER 23: FAHRER: »ERNIE HIER, MEIN RAD IST IN 2,5 METER HÖHE ÜBER EINEN LATERNENMAST GESTÜLPT. KANN NICHT WEITERFAHREN.«

DER SCHNELLSTE STAATSAUFTRAG:

NUMMER 77: EIN BEAMTER BRINGT UNS EIN PAKET IN DIE ZENTRALE (NÄHE SÜDBAHNHOF). ER KOMMT DAMIT ZU FUSS (!) VOM 1. BEZIRK, UM ES DANN VON UNS IN DEN 1. BEZIRK ZUSTELLEN ZU LASSEN.

DER DEMENTESTE AUFTRAG:

NUMMER 99: RECEIVER FRAGT KUNDEN: »KÖNNTE ICH BITTE AUCH NOCH IHREN NAMEN UND IHRE TELEFONNUMMER HABEN?«
KUNDE DARAUF: »DAS FÄLLT MIR IM MOMENT NICHT EIN.«

DER ARCHAISCHSTE AUFTRAG:

NUMMER 50: KUNDE: »JA, HALLO! WWF AM TELEFON. ICH HÄTTE DA EINEN DINOSAURIER ZU TRANSPORTIEREN. 1,50 METER LANG UND AUFBLASBAR, DER FAHRER KANN IHN SICH JA UMSCHNALLEN ...«

DIE GRÖSSTE BESORGTHEIT:

NUMMER 8: EINE MUTTER RUFT AN: »HABEN SIE VERWENDUNG FÜR MEINEN SOHN?« RECEIVER: »WIE ALT IST ER DENN?« MUTTER: »35 JAHRE.«

DER GRÖSSTE FUNKSALAT

(Veloce-Sprech für Kuddelmuddel bei den Funkfrequenzen):

NUMMER 162: FREMDER MELDET SICH AM FUNK: »HALLO, WER BIST'N DU?«
KNOPF: »DA IST KNOPF.«
FREMDER: »WER IS DO?«
KNOPF: »DA IST KNOPF VON VELOCE.«
FREMDER: »WOS? WER IS DO?«
KNOPF: »VELOCE. FAHRRADBOTENDIENST IM 4. BEZIRK.«

FREMDER: »WOS? WOS IS LOS, DES GIBT'S NET, DO WAR DOCH IMMER ELIN.«
KNOPF: »NEIN, DAS GIBT'S NICHT.«
FREMDER: »WIE LANGE GIBT'S EUCH DENN SCHO?«
KNOPF: »NAJA, UNGEFÄHR ZWEI JAHRE.«
FREMDER: »DES IS KOMISCH. I HOB IMMER MIT ELIN GEREDET. NA GUAT, KANN MAN NIX MACHEN.«
KNOPF: »IS GUAT, WIEDERHÖREN.«
FREMDER: »WELCHE FUNKFREQUENZ HABT'S IHR DENN?«
KNOPF: »DIE VELOCE-FREQUENZ. ALSO DANN WIEDERHÖREN.«

DIE GEHEIMSTE AKTIONSVORBEREITUNG:

NUMMER 340: TAUCHERANZUG VOM TAUCHGESCHÄFT ZU GREENPEACE

DER ODORIERENDSTE AUFTRAG:

NUMMER 44: LADUNG HUNDESCHEISSE IN EINEM PLASTIKSACKERL (MIT TIXO VERSCHLOSSEN) VON DER TIERKLINIK MARGARETENSTRASSE 2 ZUR VETERINÄRMEDIZIN IN DER LINKEN BAHNGASSE.

HILFE AUS TIEFSTER PATSCHE:

NUMMER 45: FAHRT VON HUMANIC: EIN PAAR SCHWARZE ESPANDRILLOS, GRÖSSE 38, ZU: MANUELA VOM STANDARD, ZWECKS ERSTER HILFE BEI ABGEBROCHENEM STÖCKEL

DIE NORMALSTEN AUFTRÄGE:

AKTEN, DRINGENDE KONDOMBESORGUNG, DISKETTEN, COMPUTER, LEBENDE TIERE, EIN TOTER HUND IM PLASTIKSACKERL, EINE FRISCH HERAUSOPERIERTE NIERE VOM AKH INS WILHELMINENSPITAL, WOHNUNGSSCHLÜSSEL FÜR DAS WARTENDE KIND ZU HAUSE MIT TRÖSTUNGSAUFTRAG, AUTOERSATZTEILE, 10 BIG MAC UND 2 KG EIS VOM SCHWEDENPLATZ BEI 38 GRAD IM SCHATTEN NACH AUHOF, NOTFALLSMEDIKAMENTE, MESSESTÄNDE, 50 FAHRRÄDER, EINE 2 M GROSSE SACHERTORTE UND 100 KG KÄRNTNERNUDELN FÜR EIN ÖSTERREICHERFEST NACH BRÜSSEL, EIN TOUPET FÜR EINEN NICHT MEHR IN ÖSTERREICH AKTIVEN BOTSCHAFTER, EINE ROSE MIT KUSSAUFTRAG FÜR DIE FREUNDIN DES ABSENDERS (DER CHEF FUHR DAMALS NOCH PERSÖNLICH), UNAUSSPRECHLICH GUTE BRÖTCHEN, ANTIQUITÄTENMÖBEL, KLAVIERE VIA WENDELTREPPE IN DEN 5. STOCK, LIVE-VIDEOTAPES ZUM KÜNIGLBERG, DIE IN MINUTENSCHNELLE ON AIR GEHEN MUSSTEN, MITTAGESSEN FÜR DEN KINDERGARTEN, WOHNUNGSENTRÜMPELUNGEN, 3 TONNEN GETRIEBETEILE DIREKT VON STEYR ZUM AUTOWERK IN SÜDITALIEN (ZUSTELLUNG BINNEN 12 STUNDEN).

FUNKNAME: HUDA

WIE LANGE BIST DU SCHON BOTE?
NOVEMBER 2006

BESCHREIBE DEIN FAHRRAD:
BILLIG

WIE VIELE KILOMETER SCHAFFST DU AM TAG?
40 KM

WIESO BIST DU BOTE GEWORDEN?
GELD

DIE BESTE AUSREDE, WENN DICH EIN POLIZIST BEI IRGENDWAS ERWISCHT?
- - - - -

WELCHE VERKEHRSREGEL WÜRDEST DU WIRKLICH NIE ÜBERTRETEN?
VORRANGREGELN?

DEIN SCHÖNSTES/SELTSAMSTES TRANSPORTSTÜCK ODER DEIN SELTSAMSTER AUFTRAG/FAHRTBERICHT?
- - - - -

WOZU TAUGEN AUTOS IN DER STADT?
UM SICH TAG FÜR TAG ÄRGERN ZU KÖNNEN

::: „ES GING IM HÖLLENTEMPO“

Veloce hatte auch einmal eine Fußballmannschaft. Die schaffte es sogar in eine Kolumne in der Kronen Zeitung.

Redaktionsadressen zu kennen gehört zum kleinen 1 x 1 jedes Fahrradboten. Schließlich sind Zeitungsredaktionen häufig angefahrene Adressen. Und so musste Peter Scherlofsky auch nicht lange überlegen, wo er da hinfahren musste, um sich zu beschweren. Schließlich war das, was er da am 29. August 1994 in der Kronen Zeitung lesen musste, unfair. Infam. Eine Frechheit. Und wenn der – heutige – Betriebsleiter von Veloce sich an den Artikel erinnert, tut ihm das sogar heute, 13 Jahre später, noch weh: „Ich kann das, was der Michael Kuhn da geschrieben hat, sogar noch auswendig – so weh hat das damals getan.“

Kenner der heimischen Zeitungslandschaft werden sich jetzt wundern: Schon 1994 war Michael Kuhn nämlich ein wichtiger Name in Österreichs größter Tageszeitung – freilich weder in der Chronik- noch in der Verkehrs- oder der Wirtschafts-, sondern in der Sportredaktion. Doch genau dort hatte Kuhn über Veloce geschrieben – und Scherlofsky dort getroffen, wo es Männer am meisten schmerzt: im Herzen – es ging nämlich um Fußball.

Es gab da nämlich einmal ein Veloce-Fußballteam. 1994 hatten sich da, erinnert sich Scherlofsky, ein paar Fahrradboten immer wieder zuerst zum Kicken auf der Jesuitenwiese im Prater getroffen – und danach bei einem oder zwei Regenerationsbieren eine eigene Mannschaft ins Leben gerufen. „Die Geschichte von Dynamo Veloce ist eine Geschichte von idealistischen, sportlich interessierten jungen Menschen, die sich zusammengefunden haben, weil sie in ihrem Beruf, dem Radfahren, körperlich nicht ausgelastet waren“, erinnert sich der (damalige) Fahrradbote. Man war optimistisch: „Wir dachten, dass wir aufgrund unserer Kondition einen enormen Vorteil hätten – aber das war unser erster und allergrößter Irrtum. Wir haben sehr rasch feststellen müssen, dass Radfahren nicht Muskeln stärkt, die man beim Fußball benötigt.“

Aber damals, 1994, wusste das noch keiner der hoffnungsfrohen Radfahrer-Kicker – und so stürzte man sich voller Elan in ein Unternehmen, das in der Geschichte der Wiener Fahrradbotenpioniere eindeutig unter „schwere Niederlagen“ firmiert: „Dynamo Veloce“ stieg in einer jener Wiener Unterligen ein, in der viele fröhliche Hobbykickervereine am Wochenende spielen – und im historischen Rückblick flüchtet sich Mannschaftsgründer und Torwart Peter Scherlofsky da lieber in bitteren Sarkasmus: „Um das zu erreichen, was wir erreicht haben, müsste sich sogar das österreichische Nationalteam noch ziemlich anstrengen."

Denn Dynamo Veloce konnte – anfangs – vor allem eins: grandios hoch verlieren. Und so schaffte es der Club dann auch in die Krone.

Es gab da im August 94 nämlich eine Serie, in der sehr viele Bundesliga-Erstrundenspiele 0:0 endeten. Zu viele für Michael Kuhn – und das thematisierte der Sportreporter in seiner Kolumne „Stopplicht": Die Großen langweilten das Publikum ohne Tore, stichelte der Journalist – und „dem gegenüber steht der 32:1-Sieg des Sportklub 15 in der Wiener Dritten Klasse A".

Doch nicht genug damit, dass Kuhn den bis dato der breiteren Fußballöffentlichkeit völlig unbekannten Verein auf diese Art präsentierte, bohrte Kuhn auch dort nach, wo es einem, der sich beruflich mit Zeit-Weg-Effizienzberechnungen auseinandersetzt, eben besonders schmerzt: Kuhn übersetzte zunächst den Namen „Veloce", urteilte dann: „Es ging tatsächlich im Höllentempo" – und berechnete dann, dass bei 33 Toren in einem Spiel – und angenommenen eineinhalb bis zwei Minuten, die man braucht, um den Ball wieder zur Mittelauflage und ins Spiel zu bringen – wohl jeder Angriff ein Treffer gewesen sein musste. Schlimmer noch: Kuhn recherchierte – und fand heraus, dass Dynamo Veloce das Spiel davor (das erste in der Vereinsgeschichte) auch schon hoch verloren hatte: 1:17. „49 Bummerln in 180 Minuten" schrieb Kuhn beinahe ehrfürchtig – und legte dann noch einmal ein bisserl nach: Die Funktionäre des Sportklub 15 seien nämlich nicht sicher, ob das Match tatsächlich 32:1 geendet habe – oder vielleicht doch 33:1. Kuhn: „Sie waren mit dem Zählen nicht nachgekommen."

Scherlofsky schmerzt der Spott bis heute – obwohl Michael Kuhn noch weiter hätte ausholen können: Veloce war nämlich in Führung gegangen („Unser Torschütze hatte acht Dioptrien"), aber dann hatte ein Spieler der gegnerischen Mannschaft sich den Fußballhimmel nach Wien geholt – und 17 Mal getroffen. Damals, Ende August 1994, war Scherlofsky deshalb nicht unbedingt zum Scherzen aufgelegt, wenn man ihn auf dieses Spiel ansprach. Ganz im Gegenteil: Er las die „Krone", wurde fuchsteufelswild – und radelte in die Redaktion der „Kronen Zeitung": „Ich habe dem Herrn Kuhn gesagt, dass man so etwas doch nicht schreiben darf." Kuhns Reaktion?

BOTENECKE:

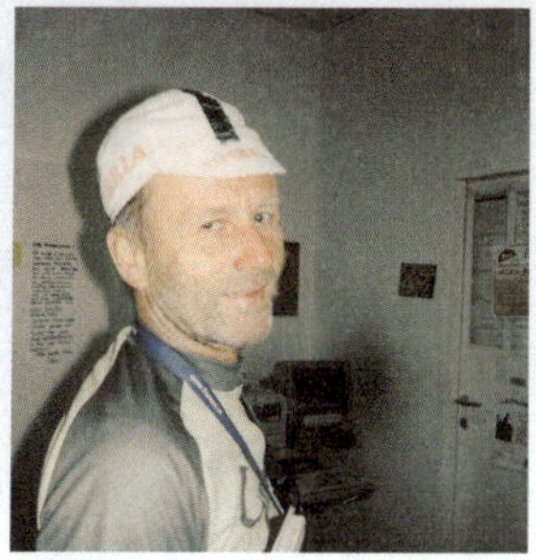

FUNKNAME: JANIS

WIE LANGE BIST DU SCHON BOTE?
CA. 15 JAHRE

BESCHREIBE DEIN FAHRRAD:
HAUPTSÄCHLICH ÄLTERE RENNRÄDER

WIE VIELE KILOMETER SCHAFFST DU AM TAG?
KEIN TACHO

WIESO BIST DU BOTE GEWORDEN?
STARKES INTERESSE AN FAHRRÄDERN, FREIE ZEITEINTEILUNG, KAUM HIERARCHIE

DIE BESTE AUSREDE, WENN DICH EIN POLIZIST BEI IRGENDWAS ERWISCHT?
KEINE AUSREDEN, ABER EINSEHEN IN DAS EIGENE VERGEHEN UND DIE AMTSPERSON EHREN!

WELCHE VERKEHRSREGEL WÜRDEST DU WIRKLICH NIE ÜBERTRETEN?
WELCHE GIBT ES?

DEIN SCHÖNSTES/SELTSAMSTES TRANSPORTSTÜCK ODER DEIN SELTSAMSTER AUFTRAG/FAHRTBERICHT:
KANN MICH NICHT ERINNERN

WOZU TAUGEN AUTOS IN DER STADT?
TRANSPORT VON SPERRIGEN MATERIALIEN, EINSATZFAHRZEUGE, TAXIS

Nicht nur abgeschossen: Scherlofsky hat die Beweise für die großen Erfolge des Clubs aufgehoben.

Scherlofsky seufzt, kann heute aber doch schmunzeln: „Ich glaube, es war ihm ziemlich wurscht."

Die Geschichte von Dynamo Veloce war damit aber noch lange nicht zu Ende: Den verheerenden Niederlagen folgten weniger verheerende. Und – verstärkt von Freunden und Bekannten – konnte der Verein seine Leistung, sagen wir einmal „konsolidieren". Und – vielleicht war es ja wirklich so, dass Michael Kuhn da ein bisserl das Gewissen plagte – als Dynamo Veloce dann im April 1995 den ersten Sieg nach Hause holte, wurde das in der „Krone" eigens lobend hervorgehoben. Freilich mit dem Hinweis: „Nach 16 Niederlagen en suite."

Dass es den Verein heute nicht mehr gibt, hat aber andere Gründe: Nach drei oder vier Saisonen hatten die Spieler dann eben andere Prioritäten, als jeden Samstag und/oder Sonntag auf dem Fußballplatz zu verbringen – und nach und nach zerbröckelte die Mannschaft. Mannschaftsgründer Peter Scherlofsky ist darüber heute noch ein bisserl traurig – weiß allerdings, dass es bei Veloce da auch andere Meinungen gibt: „Ich kann mir vom Paul Brandstätter bis heute anhören, dass ich dafür verantwortlich gewesen sei, dass es am Tag danach – also jeden Montag – unter unseren Fahrern die höchsten Ausfälle gegeben habe. Wegen unerklärlicher körperlicher Beschwerden."

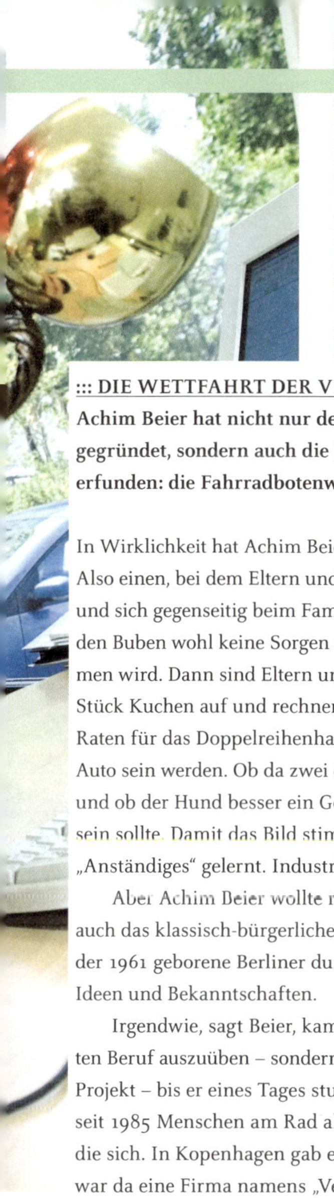

::: DIE WETTFAHRT DER VERRÜCKTEN

Achim Beier hat nicht nur den Berliner „Messenger"-Kurierdienst gegründet, sondern auch die jährliche Weltkonferenz der Fahrradboten erfunden: die Fahrradbotenweltmeisterschaft.

In Wirklichkeit hat Achim Beier ja auch einen „anständigen" Beruf gelernt. Also einen, bei dem Eltern und Großeltern zufrieden mit dem Kopf nicken und sich gegenseitig beim Familientreffen versichern, dass man sich „um den Buben wohl keine Sorgen machen muss". Weil er schon wo unterkommen wird. Dann sind Eltern und Großeltern zufrieden, laden sich noch ein Stück Kuchen auf und rechnen sich insgeheim durch, wie hoch wohl die Raten für das Doppelreihenhaus am Stadtrand und die Leasingrate fürs Auto sein werden. Ob da zwei oder drei Kinder im Garten spielen sollen – und ob der Hund besser ein Golden Retriever oder doch ein Labrador sein sollte. Damit das Bild stimmt – schließlich hat der Bub ja auch was „Anständiges" gelernt. Industriekaufmann etwa.

Aber Achim Beier wollte nie wirklich Industriekaufmann sein. Und auch das klassisch-bürgerliche Lebensmodell war nicht so seins. So reiste der 1961 geborene Berliner durch die Welt – und sammelte Erfahrungen, Ideen und Bekanntschaften.

Irgendwie, sagt Beier, kam er da halt nie wirklich dazu, seinen erlernten Beruf auszuüben – sondern stolperte von Job zu Job und von Projekt zu Projekt – bis er eines Tages stutzig wurde: In München, hörte Beier, waren seit 1985 Menschen am Rad als Boten unterwegs. „Transpedal" nannten die sich. In Kopenhagen gab es etwas Ähnliches als „Per Velo". In Wien war da eine Firma namens „Veloce" seit kurzem mit dem Rad dienstlich in der Stadt unterwegs – und in London und den USA gab es das ohnehin schon länger. Aber in Berlin, im hippen, trendigen, aber damals auch noch von der Welt abgeschotteten Berlin, dachte sich Beier, wartete man in den Büros immer noch darauf, dass sich Autos mit Demobändern oder Fotos durch den Stau kämpften. Und Achim Beier beschloss, das zu ändern. Das war 1988. 1989 legte er dann los.

Wenn man hier die Geschichte von „Messenger", Beiers Berliner Radkurierdienst, schreiben wollte, läse die sich über weite Strecken ähnlich wie die von Veloce in Wien. Und auch aus Beiers kleiner Radler-„Klitsche" ist heute ein multifunktionales Logistiknetzwerk geworden: „Messenger"

Zuerst brachte er Berlin das Botenfahren bei, dann erfand er den Weltmeister der Branche: Achim Beier

Botenfahren in Vollendung: Impressionen von der WM in London (1994 oben links) und Berlin (1993 unten links)

gibt es neben Berlin heute in Potsdam, Leipzig und Dresden. Und außer der Radkuriererei bietet man heute unter anderem nationale und internationale Transporte, maßgeschneiderte Logistik-Lösungen oder Warehouse-Services an. Klingt vertraut, oder?

Freilich gab es da ein paar „kleine" regionale Details, die Berlin von Wien unterschieden. Etwa die Mauer. Als die im November 1989 fiel, war das ein Turboboost an Dynamik, der da in die plötzlich offene und viel größere Stadt hineinblies: Berlin entwickelte sich im Sauseschritt. Und zog ein doch etwas internationaleres Völkchen an als jenes, das in Wien lebt. Und so traf Beier dann plötzlich auf „Leute wie Michael O'Dome, einen Asthmatiker aus Cleveland."

O'Dome war zu der Zeit bereits eine Legende in der internationalen Fahrradbotenszene. Er war schon damals überall auf der Welt – also de facto in den großen Städten der USA – als Bote gefahren. Unter dem Namen „Ozone". Ozone jobbte kurz bei Messenger – und empfahl dem Gründer nach wenigen Tagen eine Bildungsreise: „Schau dir New York an." Und als Beier dann im Jahr darauf die Szene im Big Apple inspizierte, traf er auch auf andere Legenden. Etwa auf James Moore. Einen, erzählt Beier auch heute noch ehrfurchtsvoll, „wahren Künstler auf zwei Rädern. Der saß am Lenker und fuhr rückwärts, sprang auf Bänke oder sonst wohin – und das lange bevor in Europa irgendjemand von Trick-Biking gehört hatte."

All das, sagt Beier, war zwar eindrucksvoll – aber nur die hippe Oberfläche. Denn Beier kam mit einer Idee zurück nach Berlin: Wenn die Boten schon rund um die Welt tingelten, könnte man sie doch auch koordiniert zusammenbringen. Und weil das lauter freche und ehrgeizige Jungs (und natürlich auch Damen) waren, wollte er die Szene bei ihrem Ehrgeiz packen: Es galt, die Besten der Besten der Besten zu eruieren. Achim Beier hatte gerade die Idee der Fahrradboten-Weltmeisterschaft geboren.

Freilich: So einfach war das nicht. Radkuriere waren Freaks. Abenteurer, Individualisten und Weltenbummler. Was sie vereinte, war nicht nur das Radfahren, sondern auch ein Charakteristikum: Sie waren unorganisiert. Auch die Betriebe waren nicht vernetzt. Das Internet gab es in seiner heutigen Form noch lange nicht.

Aber in München saß ein gewisser Thomas Thaw. Der war auch ein Freak: Thaw hatte die erste Datenbank der Fahrradbotenszene aufgebaut. Beier wusste das, bat den Datensammler um Hilfe – und Thaw spielte mit.

Was dann passierte, „war umwerfend, einfach großartig“, schwärmt Beier bis heute, „Wir schickten Einladungen nach New York – und es kamen Anmeldungen und Antworten aus Chicago: Das war wie ein Kettenbrief.“

Im Sommer 1993 traten dann 374 Teilnehmer aus insgesamt 14 Nationen bei der ersten Weltmeisterschaft der Radkuriere an. Und es waren nicht bloß Akteure aus den reichen, westlichen Ländern gekommen: Sogar aus Afghanistan kamen Fahrer. „Einer hatte nur ein Bein“, erinnert sich der Initiator, „das andere war ihm weggeschossen worden. Oder er hatte es durch eine Miene verloren.“

Die Weltmeisterschaft war ein fulminanter Erfolg: Nicht nur, weil die Medien sich auf das Thema so stürzten, als passiere nichts anderes mehr auf der Welt. Auch wegen der Euphorie, die die Rennen auslösten. Und weil es Spaß machte zuzusehen: Beim Start galt es, das Rad zuerst einmal fahrtüchtig zu bekommen – also einen Reifen zu wechseln. Dann galt es, einen klassischen Botenparcours zu fahren: nicht nur schnell, sondern auch schlau mit mehreren Pick up und Drop off Stationen. Außerdem bot das „Spielfeld“ alles, was das echte Leben einem Boten auch offeriert: Randsteine, Sackgassen, unpräzise Adressen – und Verkehr. Die WM-Strecke führte zum Teil durch den ganz normalen Berliner Stadtverkehr.

Man fuhr also unter „Real Life“-Bedingungen. Besser noch: Die Behörden fanden die Veranstaltung toll – und gestatteten Beier etwas, was es seit Ewigkeiten nicht mehr gegeben hatte: „Wir waren das erste Radrennen seit dem Zweiten Weltkrieg, das durch das Brandenburger Tor fahren durfte.“ Auch die Berliner waren begeistert: 200.000 Zuseher, waren sich die lokalen Medien einig, hätten am Straßenrand gestanden und den teils sportlich gewandeten, teils verkleideten (und mitunter sogar nackt) fahrenden Radfahrern zugejubelt. Und obwohl die Weltmeisterschaften seither zu einem festen Bestandteil der Fahrradbotenwelt gehören, waren es in späteren Jahren nie wieder so viele.

Denn schon 1994, in London, musste man nämlich wissen, dass & wo die WM stattfand: 400 Fahrer aus aller Welt bretterten vier Tage lang durch ein aufgelassenes Industrieareal in den damals noch kaum belebten Docklands. Die Anreise mit der U-Bahn aus dem Zentrum dauerte über eine Stunde. Die Medien berichteten zwar amüsiert und ausführlich, aber bis auf ein Paar Zaungäste fuhren die Boten da vor und für Boten. Allerdings

Gesellschaft

Last Action Heroes

Fahrradboten fühlen sich als die letzten Abenteurer der Städte. Jetzt kürten sie in London ihren Weltmeister.

Thomas Rottenberg

Tief über die Lenkstangen ihrer Mountainbikes und Rennräder gebeugt, oft wie endzeitige Gladiatoren à la „Mad Max" ausstaffiert, rasen 40 Profiradler über den Asphalt, springen über Randsteine und driften durch Schotterfelder. Hart am Limit brettern sie durch das willkürlich auf dem leeren Platz zwischen den Warehouses eingerichtete Einbahnsystem, immer auf der Suche nach dem nächsten Checkpoint. Nach wenigen hundert Metern ist das Feld weit über das – vom Straßenverkehr abgetrennte – Areal der Docklands im Südosten Londons verteilt.

Es ist kein normales Straßenrennen, das im postindustriellen Ödland der Royal-Victoria-Docks am zweiten Wochenende im August ausgetragen wird. Im Schatten der leeren Bürotürme von Canary Wharf sind 437 Fahrradboten aus 14 Nationen dabei, in elf Vorläufen und einem Finale herauszufinden, wer der vifste, schnellste und härteste Asphaltcowboy des Planeten ist, der „Bikemessenger World Champion 1994".

Windschattenfahren ist sinnlos: Jeder muß acht Checkpoints auf dem Kurs in einer anderen Reihenfolge anfahren – und sich die Wege im Einbahnwirrwarr selbst aushecken. „Realitätsnähe" lautet die Devise der Veranstalter – einer Gruppe Londoner Fahrradkuriere und Mitarbeiter des Botenfanblattes „Moving Target". Das durchwegs aus der Branche stammende Publikum quittiert Reifenplatzer, haarsträubende Stürze, waghalsige Fahr- und Bremsmanöver mit frenetischem Gejohle und Pfiffen.

Und während schon der vierte Hinterreifen in diesem Lauf an einem zu überspringenden Gehsteig sein Leben aushaucht, der Fahrer aber unverdrossen auf der Felge weiterfährt, jubiliert der Platzsprecher – selbst Bote – über den „wahren Messengergeist" eines anderen Fahrers.

„Was sehe ich da", schmettert Buffalo Bill – so nennt sich das rotbebrillte Energiebündel – durch die krachenden Lautsprecher, „die Nummer 274 – einer aus San Francisco – bleibt stehen und gönnt sich einen Cappuccino." Das Publikum tobt. Nach einer Zigarettenpause setzt Nummer 274 das Rennen fort. „Wie im wirklichen Leben", merkt ein kahlköpfiger Junge aus Düsseldorf an und versucht dann weiter einem Kurier aus Moskau klarzumachen, daß er mit ihm Rucksack tauschen will.

Gut 75 Prozent der Wettkämpfer sind Männer, obwohl die Frauen ihnen oft genug zeigen, was ein Hinterrad ist. Den meisten Fahrern, die von Kabul bis San Francisco und Barcelona bis Oslo dem Ruf zu den Spielen gefolgt sind, geht es eher um Hetz denn Hatz. Richard Guard, Herausgeber von „Moving Target" und seit einem Unfall, bei dem ihm ein Auto das Becken brach, nur noch Hobbyradler, ist an diesem Wochenende in den Docks dennoch stolz auf seine Veranstaltung: „Bei der Tour de France fahren etwa 200 Profis, hier haben wir über 400."

Entlang der Strecke und in der zum „Fahrercamp" umfunktionierten Lagerhalle herrscht fröhliches Chaos. Schlafsäcke, Fahrradteile und schräge Typen: Sie sehen aus wie Mitglieder wüster Untergrund-Rockbands – zerfetzte Hosen, wilde Frisuren, bedruckte T-Shirts, Ohren-, Nasen- und sonstige Ringe am ganzen Körper. Oder wie Teilnehmer am Giro d'Italia – hautenge Dressen, aerodynamische Helme, die High-Tech-Rennmaschine stets griffbereit.

Auch die drei österreichischen Teams – je eines von „Veloce" und „Hermes" aus Wien sowie vom Grazer Kurierdienst „Veloblitz" – fügen sich harmonisch in das internationale Geschwader pedalbeschleunigter Kamikazepiloten: Je ein Fahrer der Austro-Teams erreicht das Finale, die anderen halten den olympischen Gedanken hoch.

Fahrradboten, so diagnostizierte „Face" schon 1993 anläßlich der ersten WM in Berlin, sind Role-Models der Generation X. Ihre Existenz, aber auch ihre Effizienz führen den in Staus und Büros gefangenen Erfüllern langweiliger „Nine-to-five-Jobs" das Rien-neva-plus der stetig statischeren „mobilen Gesellschaft" vor Augen. Im Parforceritt durch den Blechsalat, im Tiefflug über rote Ampeln, mutieren sie von Handlangern der Kommunikationsgesellschaft zu den letzten Abenteurern der Metropolen.

„Du erlebst die Stadt anders", schwärmt der 25jährige Kölner Philosophiestudent Lars. Seit zwei Jahren lebt er – „gut" – vom einspurigen Güterverkehr: „Es ist ein way of life. Du spürst, daß die Stadt lebt, und bist mittendrin. Büromenschen beneiden dich um deine Freiheit. Du giltst als Freibeuter, der alles darf und nichts muß."

Den imageträchtigen Traum von ungebundener Wildheit haben mittlerweile auch andere entdeckt. Wohl nicht zufällig spielt „Virtual Light", das letzte Buch des Science-fiction-Kultautors William Gibson, in zwei Welten: dem Cyberspace und der Fahrradbotenszene San Franciscos. Die US-Fernsehgesellschaft CBS wird im Herbst eine Messenger-Sitcom durch die TV-Kabel jagen, und der Schuhhersteller „British Knights" spendiert Fahrern, die sich sein Logo einrasieren, Turnschuhe. Bike-Gear und Botentaschen gelten seit einem Jahr als modische Accessoires, die auch von hippen Kleider-Labels wie „Daniel Poole" oder „American Retro" hergestellt werden.

„Messenger machen die Straßen lebendig", stellt die Londoner Lifestyle-Redakteurin Vivienne Lyle fest, während sie im Dock auf Motivsuche ist. „Und knackige Männer – aber auch Frauen –, die in Büros auftauchen, sind für Officehengste ein Ansporn, nicht ganz zum Schwamm zu werden."

Die Boten im Dock tun so, als wären ihnen Hipness und Medien-interesse egal, wenn sie die Treppen der Lagerhäuser hinunterrasen oder – scheinbar mit ihrem Gerät verwachsen – auf extra zu diesem Zweck aufgestellte Autos hüpfen. „Du mußt den Punkt anvisieren, wo du hinspringen willst", fabuliert der Straßenguerillero Tom aus Toronto fröhlich drauflos, „dann landest du genau dort." Im Trialwettbewerb erobert der 22jährige, der seit seinem 18. Lebensjahr erwerbsmäßig kurbelt, den vorletzten Platz, aber die Herzen der Zuschauer: Im Gegensatz zum ehrgeizigen Trialsieger aus Dänemark hat er offensichtlich Spaß daran, sich die Knie blutig zu schlagen.

„Wer an den Job herangeht wie ein Beamter, soll es lassen", meint der Junge mit den Dreadlocks, dessen Boxershorts länger als seine abgeschnittenen Jeans sind. Rennerfahrung hat er schon, denn Toronto, wo die WM '95 stattfinden soll, ist eine Hochburg illegaler Rush-hour-Rennen. „Einmal", erzählt Tom, „hat ein Freund von mir dabei Polizeistrafen von insgesamt 785 Dollar kassiert."

Der Flirt mit dem Outlaw-Image kann auch böse enden. Crashs und Stürze gehören zum täglichen Brot. Mangels feindlicher Autofahrer blieb es in London trotz hochdramatischer Stürze über Bordsteinkanten und Kombattanten bei Hautabschürfungen, Prellungen sowie Platzwunden und einem Schlüsselbeinbruch; doch allein in der britischen Hauptstadt starben in den letzten zwei Jahren vier Kuriere. Auch in Wien gab es bereits einen tödlichen Unfall, als eines der Gründungsmitglieder von „Veloce" am Gürtel frontal gegen ein Auto krachte.

Acht Jahre Erfahrung machen auch Draufgänger vorsichtig: James Moore, Ex-Marine und Sprecher der 5000 New Yorker Boten, ficht den Kampf auf der Straße mit Knie- und Unterarmschützern, Brustpanzer, Helm und an den Knöcheln verstärkten Handschuhen aus. Der großgewachsene Schwarze, der in der CBS-Boten-Sitcom als Stuntman für Street-Credibility sorgen sollte, weiß auch, daß die Zeiten, in denen der Bote oft besser verdiente als der Belieferte, vorbei sind. „Vor fünf Jahren habe ich etwa 800 Dollar pro Woche verdient. Dann kam der Preissturz bei Faxgeräten und die Rezession. Seither bin ich froh, wenn ich 400 Dollar zusammenbekomme."

Gemeinsam mit seinem Freund und Kollegen „Ozone" gilt Moore als geistiger Vater der WM: 1989 sprachen die beiden zum ersten Mal mit Achim Beier; der Chef des größten Berliner Botendienstes war begeistert. „Ich habe alle angefaxt, die ich kenne, und das Echo war überwältigend. Du schreibst nach Boston, und die Leute antworten aus Chicago und Detroit", schwärmt Beier, der im Vorjahr die erste WM in Berlin organisierte, noch heute.

Schummeln, so steht es in der Ausschreibung zur WM, „ist verboten, aber erwünscht. Bloß: Wer erwischt wird, fliegt raus. Ihr sollt durchkommen – auf den Knien." Und so haben die Streckenpolizisten („Ich hätte nie geglaubt, daß ich einmal Cop sein würde. Das findest du komisch? Du bist disqualifiziert") auch alle Hände voll zu tun, wenn Fahrer versuchen, gegen Einbahnen zu fahren oder einen Abschneider durchs Publikum zu nehmen.

Doch der Weltmeister aus Köln holte sich Titel und Gratisticket zur nächsten WM mit biederer Knochenarbeit. Der Profikurier, Sportstudent und Hobbyrennfahrer Andy Schneider deklassierte in Windkanalhaltung und auf einem Straßenrenner die Konkurrenz deutlich.

Die einzigen, die sich nicht mit dem 31jährigen mitfreuen wollten, waren die dänischen Radler. „Ein bißchen ‚pushy' sind sie schon", hatte der Platzsprecher unter Applaus die emsigen, aber erfolglosen Bemühungen der 30 übereifrigen Fahrer und ihrer 20 Betreuer aus Kopenhagen kommentiert. Sie waren die einzigen, für die das Happening eine bierernste Angelegenheit war. ■

Bote Tom beim Trial: „Landeplatz anvisieren, dann klappt's"

Zauber der Montur: Role-Models der Generation X

Sprint & Spaß: Pedalkamikazes in den Docklands

70 profil NR. 34 / 22. AUGUST 1994

NR. 34 / 22. AUGUST 1994 profil 71

Der ganze Ernst des Lebens in London (1994, oben) und Berlin (1993, rechte Seite). Faksimile mit freundlicher Genehmigung des profil.

brach man immer wieder zu kleinen privaten – also inoffiziellen – Rennen auf. Und die führten dann quer durch die Stadt: 200 Radler, die die Oxford Street zur Hauptverkehrs- und Geschäftszeit entlangfetzen oder die einander stundenlang in einem großen Kreisverkehr verfolgen, waren durchaus dazu angetan, das Image der Boten als wilde und wahnsinnige Truppe zu stärken. Und dass man im freundschaftlichen, internationalen Wettstreit immer noch ein bisserl wüster als die Kollegen fahren musste, war sowieso klar.

Aber ein bisserl enttäuscht, meint Achim Beier, sei er doch gewesen, als er sah, dass die Botenszene auch bei den folgenden Weltmeisterschaften nie mehr den Weg ins echte Stadtzentrum fand. Nicht in Toronto, nicht in San Francisco und auch nicht in Barcelona, Washington D.C., Zürich, Philadelphia, Budapest, Kopenhagen, Seattle, Edmonton, New York City oder Sydney. Und auch nicht 2007, in Dublin. „Das wären tolle Image- und Werbeveranstaltungen für die ganze Branche", seufzt der Botendienstpionier.

Aber Beier weiß auch, dass es just diese Vokabeln sind, mit denen so mancher Hardcore-Bote so seine Probleme hat: Schon 1993 hatte man ihm vorgeworfen, mit einer Publikumsveranstaltung ein Rennen organisiert zu haben, das zu plakativ und zu wenig szenig gewesen sei. Ein klassischer

Richtungsstreit war die Folge – Beier sieht das nüchtern und ohne Groll: „Ich stehe dazu: Ich bin ein Manager, der immer auch nach Nutzwerten und Synergien Ausschau hält – und die meisten Boten sind totale Idealisten, die sich vor allem ihrer Szene verpflichtet fühlen. Sonst würden die ja diese Veranstaltung gar nicht in ihren jeweiligen Heimatstädten selbst organisieren." Aber zum Underground-Image passen fette Sponsoren, abgesperrte Prunkstraßen und Banner der Kommune überm Ziel halt nicht wirklich. Und vielleicht, meint Beier, sei das in Wirklichkeit ja doch auch ganz o. k.: „Fahrradbote ist nach wie vor ein Freak-Job. Und wenn da hunderte Menschen aus etlichen Nationen zusammenkommen, um Spaß zu haben und Erfahrungen auszutauschen, dann ist das ihr Ding. Zu einem Ärztekongress kommen die Patienten ja auch nicht, um zuzuschauen."

::: DER LAUFBURSCHE

Peter Wundsam war Fahrradbote. Allerdings war er meistens ohne Fahrrad unterwegs.

Fahrradboten tendieren dazu, ihr Arbeitsgerät auf das Wesentlichste zu reduzieren. Und wie alles, was Kult, Religion oder Attitüde ist, hat auch das Abspecken der Räder einen praktischen Hintergrund. Vielleicht ja auch mehrere: Zum einen muss man all das, was man nicht dabeihat, auch nicht transportieren – und je weniger Gewicht man mit sich herumschleppt, umso weniger Kraft braucht man.

Zum anderen kann einem das, was man nicht dabeihat, auch nicht gestohlen werden – der aus New York stammende und nun auch in Österreich um sich greifende Trend zum Bahn-Rad (also Fahrrädern mit starrer Übersetzung) basiert zum Teil darauf. Und drittens muss man Dinge, die nicht da sind, auch nicht warten: Ein Werfer muss immer wieder nachjustiert werden, Züge und Bremsen ebenso – und eine Kette, die nie schräg über die Ritzel geprügelt wird, lebt auch ein bisserl länger.

Aber kann man das Bike dann noch weiter reduzieren? Man kann. Das hat Peter Wundsam bewiesen. Denn der 1967 in Bruck an der Mur geborene ehemalige Spitzensportler hat das Botenrad nicht nur reduziert – er hat es irgendwann ganz weggelassen: Wundsam war Läufer. Und ist bis heute stolz, mit den Kollegen am Bike durchaus mithalten gekonnt zu haben. Aber der Reihe nach. Und vielleicht doch ohne Mythologisierung.

Denn auch wenn es unendlich cool klingt, Peter Wundsam heute als Inbegriff der Coolness im Zustellerwesen hinzustellen, legt der heute unter anderem als Lauftrainer und Coach aktive Ex-Bote doch Wert darauf, dass er aus ganz profanen und banalen Gründen vom Rad abgestiegen ist: „Mein Trainer hat mir gesagt, dass ich mehr laufen soll."

Wundsam begann mit der Botenfahrerei nämlich schlicht und einfach deshalb, „weil es ein Möglichkeit war, mir den Sport zu finanzieren. Und darüber hinaus war da noch der Hintergedanke, die Arbeit auch fürs Training zu nutzen."

Denn Peter Wundsam war damals Spitzensportler. Läufer – und zwar Profi. Nur – und das ist heute noch genau so wie im März 1997 – „kann man in Österreich vom Spitzensport nur leben, wenn man entweder Weltklasse oder Fußballer ist." Und Peter Wundsam war Realist genug, zu erkennen,

dass er beides nicht war: Er lief zwar im europäischen Spitzenfeld, schaffte bei vier Europameisterschaften im Crosslauf Top-Ten-Ergebnisse und lief Marathonzeiten um die 3 Stunden und 20 Minuten. Aber in Wien kannte man ihn eben immer vor allem als den Botenläufer.

Dabei begann der in Tirol aufgewachsene Sportler als ganz normaler Bike-Bote. Mit Rucksack und allem. „Ich bin dazugestoßen, als Veloce etwa zehn Jahre alt war. Mir hat das Community-Ding und das Flair ziemlich imponiert", erinnert er sich – und muss beim Rückblick auf seine Rad-Zeit auch gleich lachen. Denn schon damals gab es Legenden unter den Fahrern. Solche, die schier unglaubliche Tageskilometer und/oder Tagesumsätze einfahren konnten. Und er, Wundsam, war ziemlich rasch mitten in diese Clique der Spitzenfahrer hineingefahren: „Rootman, Brasil oder Indie hießen die – um nur ein paar zu nennen. Und wir haben uns jeden Tag gematcht. Die magische Grenze lag damals bei 4.000 Schilling Umsatz an einem Tag – das galt als unerreichbar und jeder wollte da drüber. Und ich bin als Quereinsteiger dazugekommen und hatte plötzlich 3.700 an einem Tag beisammen."

Wie das gehen konnte? Nun: Wundsam war schnell – nicht nur weil das gut für den Job war, sondern weil sein Trainer es von ihm verlangte. „Das war ein Triathlonmann – der hat mich damals vor allem deshalb aufs Rad gesetzt, weil ich beim Laufen die wirklich langen Strecken nicht so gut draufhatte." Und so radelte Wundsam eben. Am liebsten quer durch Wien – oder darüber hinaus. Weil zum Konditionsaufbau die langen Strecken effizienter sind als die kurzen Sprints mit vielen Ampelstarts. Auch wenn sich das dann wiederum nicht so toll auf den Verdienst auswirkte. „Aber das Geld war immer nur die zweite Priorität." Und so schnappte sich der Läufer am Rad mit Vorliebe die von den Kollegen weniger geschätzten Jobs: Purkersdorf – Simmering etwa. Oder Gerasdorf – SCS. Als er da eines Tages zurück in die Zentrale kam, erzählt Wundsam, sei sein Funker fast vom Sessel gefallen: „Ich habe geglaubt, du bist am Motorrad unterwegs – wegen der Strecken." Ohne es zu wollen, behauptet Wundsam, habe er da nämlich einen neuen Tageskilometerrekord aufgestellt – „so um die 230 müssen es gewesen sein."

Aber zurück zum Laufen: Radfahren ist zwar eine feine Sache und als Basistraining jedem zu empfehlen – Spezialisten haben aber dann doch auch spezielle Bedürfnisse. Etwa die oben bereits erwähnte Sache mit der (für Spitzensportler) falsch gewichteten Ausdauer- und Langstreckenverteilung oder der Antrittspower an den Ampeln. Und außerdem brauchte Wundsam ja Laufkilometer.

Irgendwann – es dürfte um 1999 gewesen sein – begann er dann, seine letzten Aufträge des Tages so zu organisieren, „dass ich mit dem Rad daheim im 17. Bezirk vorbeifahren konnte. Dort habe ich dann das Rad abgestellt und bin zu Fuß weiter – etwa nach Neuwaldegg. Da habe ich dann geliefert – und bin gleich im Wald weiter meine Runden gelaufen." Und dann, so der Läufer, sei eben einmal der Tag gekommen, an dem er gar nicht mehr aufs Rad gestiegen sei.

Dass er dadurch spürbar langsamer geworden wäre, konnte ihm aber nie jemand nachweisen: „Beim Botenfahren kommt es ja primär auf Koordination und Systematik an – reiner Topspeed bringt nicht so viel. Und darüber hinaus verbringt ein Fahrradbote ja höchstens ein Drittel seiner Arbeitszeit tatsächlich am Rad – der Rest findet in den Häusern, im Lift oder bei den Empfangsforen statt." Und ein paar Jahre am Rad, merkt Wundsam stolz an, hätten ihn eben auch zu einem genauen Kenner der Stadt gemacht: Das Kapital des Boten ist schließlich seine Orts- und Schleichwegkenntnis. Plus: Wer sein Fahrrad 50-mal am Tag ab- und aufsperren muss, verliert dabei etwa 25 Minuten – Zeit, die der Läufer wieder gewinnt.

Dass er der Fahrradbote ohne Fahrrad war, fiel aber trotzdem auf. Allerdings nicht wegen des fehlenden Fahrrades. Die Kunden fragten, wo Wundsam denn seinen Rucksack gelassen hatte. Und obwohl der gelbe Sack das Markenzeichen von Veloce war, war Wundsam die tolerierte Ausnahme: „Ich bin ja im Veloce-Dress gelaufen. Und auch so genug aufgefallen. Aber ein Rucksack hüpft beim Laufen am Rücken – und ich wollte mir meine Technik nicht kaputtmachen." Kuverts in der Hand waren der Kompromiss, den der Athlet mit sich und seinem Trainer gerade noch vereinbaren konnte. „Und wenn da einmal ein Drucker zu schleppen war, hab ich halt die Krot geschluckt – oder am Funk gefragt, ob ein Kollege am Rad in der Nähe ist, an den ich die Lieferung abtreten kann."

Trotzdem habe es da natürlich immer Skepsis gegeben. Weniger von Seiten der Firma (Wundsams Performance war ja nachprüfbar), eher von Kundenseite. „Rund zwei Drittel haben es nicht bemerkt – aber die anderen haben gefragt. Meist bewundernd. Ein paar haben aber auch gemeint: ‚Wir haben doch einen Fahrradboten bestellt – weil es eilig ist.' Da habe ich eben gefragt, wo es hingeht. Etwa vom Augarten in den neunten Bezirk, also vier oder fünf Kilometer. Das renne ich, ohne mich anzustrengen, in 16 oder 17 Minuten. Ich habe gesagt: ‚Rufen Sie in 20 Minuten an – Ihr Brief wird dort sein.‘ Und so war es dann auch. Immer. Ich war jedes Mal schon wieder weg. Und damit war das Vertrauen wieder da.“ Einmal aber wollte es ein Kunde dann wirklich nicht glauben: „Das war ein Eilauftrag vom ersten Bezirk zur Schönbrunner Schlossstraße. Eilaufträge hießen damals ‚Velocissimi‘ – und ich war in 20 Minuten da. Der Kunde hat nicht geglaubt, dass ich gelaufen bin – und hat angefangen zu suchen. Ich sagte ihm: ‚Da ist wirklich kein Rad‘ – und er konterte: ‚Ich suche kein Fahrrad, sondern das Auto.‘ Der hätte sein Haus darauf verwettet, dass da irgendwo ein Auto versteckt ist und ich ihn verarsche. Ich glaube, der glaubt das bis heute.“

Der heute als Lauffachmann und Laufsportjournalist gefragte Ex-Spitzenläufer ist heute noch stolz darauf, dass „ich bis auf die Spitzenradler mit den meisten Boten voll mithalten konnte. Meine durchschnittliche Laufzeit war 4:30 auf den Kilometer – das sind 14–15 km/h. Und wenn ich intensivere Phasen hatte, bin ich auch 3:30er oder 3:20'er-Kilometer gelaufen.“ Deshalb ist der Athlet auch überzeugt, dass noch bessere Umsätze möglich gewesen wären – wenn da nicht der vertrackte Trainingsplan gewesen wäre: „Was mich begrenzt hat, war der Plan. Wenn da 75 Minuten Laufen vorgegeben waren, bin ich so lange gelaufen, bis ich das netto zusammengehabt habe. Ich konnte mir also nicht aussuchen, diesen einen schönen Auftrag in den 13. gemeinsam mit den vier Aufträgen im ersten Bezirk zu machen, wenn ich meine Zeit schon fast beisammen hatte. Da habe ich eben den einen langen Job genommen – und die anderen, die lukrativen, habe ich auslassen müssen.“

Andererseits konnte Wundsam den Job auch ganz gut mit dem Training kombinieren: „Ein paar Aufträge zum Warmlaufen, dann ein Abstecher auf den Trainingsplatz, dort ein paar Intervalleinheiten auf genaue Strecke und nach Stoppuhr – und dann weiter, die nächsten Sendungen abholen. Das gab es häufiger. Vor allem dann, wenn das Budget nicht fürs nächste Trainingslager gereicht hätte.“

Aber nur die Symbiose aus Workout und Geld war es auch nicht, die Wundsam zum Botenläufer machte: „Training muss Spaß machen – sonst wird das nix“, lautet auch heute als Coach seine Devise – und deshalb ist er nicht sicher, ob er Botenfahren und -laufen auch anderen Sportlern heute

BOTENECKE:

FUNKNAME: PINK

WIE LANGE BIST DU SCHON BOTE?
SIEBEN JAHRE

BESCHREIBE DEIN FAHRRAD:
RENNRAD

WIE VIELE KILOMETER SCHAFFST DU AM TAG?
KOMMT AUF DIE AUFTRÄGE AN

WIESO BIST DU BOTE GEWORDEN?
FREIE ZEITEINTEILUNG USW.

DIE BESTE AUSREDE, WENN DICH EIN POLIZIST BEI IRGENDWAS ERWISCHT?
KEINE ZEIT, MUSS WEITER

WELCHE VERKEHRSREGEL WÜRDEST DU NIE ÜBERTRETEN?
KEINE

DEIN SCHÖNSTES/SELTSAMSTES TRANSPORTSTÜCK ODER DEIN SELTSAMSTER AUFTRAG/FAHRTBERICHT?
GEBISS INS PARLAMENT TRANSPORTIERT

WOZU TAUGEN AUTOS IN DER STADT?
GAR NICHT

als Trainingskompromiss ans Herz legen würde. Außerdem spräche ja auch nach der reinen Trainingslehre das eine oder andere Argument dagegen: „Dieser Job ist ein extensives Intervalltraining und nicht unbedingt ein durchgehender Dauerlauf. Man kann sich das Tempo nicht immer aussuchen, manchmal muss man angasen – aber die Finanzen sprechen wieder dafür: Trainieren und dabei jeden Tag 25 oder 30 Euro fürs nächste Trainingslager weglegen zu können, ist schon ein Argument. Natürlich wäre es super, das Training rund um den Attersee zu absolvieren – aber das muss man sich eben auch leisten können. Und: Interessant ist es in jedem Fall, in der Stadt als ‚der Läufer' zu gelten."

Das letzte Mal, erzählt Wundsam, sei er dann im Juli 2004 für Veloce gelaufen. Schließlich ist er mittlerweile „Spitzensportler im Ruhestand" und muss nicht mehr ganz so hart trainieren wie früher. Und kann deshalb über eine Frage, die er in seiner aktiven Zeit wohl als Beleidigung aufgefasst hätte, ganz gut lachen: Ob er je geschummelt – also den Bus, die Straßenbahn oder die U-Bahn genommen hat? Peter Wundsam grinst – und weiß, dass nur ein Nicht-Sportler so eine Frage stellen kann: „Nein, ich habe ja für mich selbst trainiert. Wen hätte ich denn da bemogelt? Höchstens auf dem Rückweg. Wenn ich gesehen habe, es wird fürs Training zu lang, dann habe ich manchmal die Straßenbahn genommen. Aber mit einem Auftrag: nie."

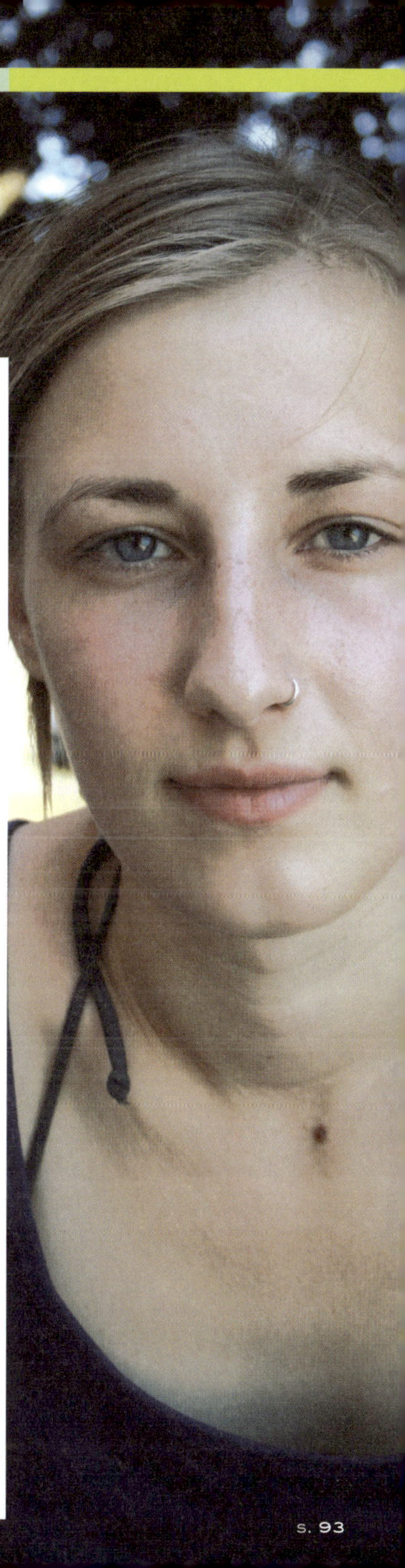

Hydra sagt: „Klar kriegt man das Wetter mit ..."

::: „OH ... EINE BOTIN?"

Nur elf Prozent der Fahrradboten sind Frauen. Obwohl Frauen den Job genauso gut schaffen. Schließlich geht es beim Fahren weniger um rohe Kraft als um Taktik und Planung.

Boten sind Männer. Immer. Weil schon das Wort männlich ist. Und Bote-Sein etwas mit Kampf zu tun hat. Mit Durchkommen. Mit Durchsetzen. Also mit dem Überleben – und das ist Kampf. „Survival of the fittest" eben. Oder so ähnlich. Das war in der Mythologie schon so. Herumlaufen und Dinge abgeben ist sogar am Olymp eine männliche Kompetenz – nur: Das Klugsein ist dann doch eine weibliche Tugend: Pallas Athene ist ganz eindeutig eine Frau. Aber wen interessiert das schon?

Denn Boten sind Männer. Richtige Männer. Also so richtige Kerle. Und darum sind auch alle Synonyme für Boten männlich-männlich. Testosteronschwere Macho-Vokabeln: City-Cowboy etwa. Oder Speed-Kings. Oder wasauchimmer. Drunter tut man es nicht: Schon der „Laufbursche" oder gar der „Laufjunge" klingen „weich". Kindlich. Weibisch. Und wenn man sich jemanden vorstellt, der sich da durch Wind, Sturm, Eis, Hagel, Schnee, Nebel, Kälte oder glühende Hitze am Rad gewieft mit den Autos duelliert, sie links und rechts liegen lässt, über Treppen und Kanten springt, dann kann und soll diese Person vieles sein. Aber ganz bestimmt nicht weich. Oder weiblich. Vielleicht sogar klein und zierlich. Das passt nicht. Ganz und gar nicht. Oder doch?

Doch. Denn der Bote ist per definitionem keineswegs ein Mann. Auch am Rad nicht – und während Polizei, Busunternehmen oder Tischlermeister das in den letzten Jahren erst langsam zu lernen begonnen haben, war das bei Veloce von Anfang an so: Es gab sie und es gibt sie, die „Messenger-Girls". Und sie sind keinen Deut weniger effizient oder langsamer als ihre männlichen Kollegen. Schließlich – aber das ist hier schon hinlänglich beschrieben worden – geht es beim Botenradeln weniger um Muskelmasse in Oberschenkel und Wade als um Koordination und Köpfchen: Fahrradbotenfahren ist der Beweis dafür, dass man das, was man nicht im Kopf hat, mit den Beinen allein nie und nimmer einholen kann. Die Geschichte von Hase und Igel. Oder eben auch Auto-Hase und Rad-Igelin.

Aber genauso wenig wie die Boten-Buben die Klischeebilder vom ebenso schönen wie schweiß- und sonstwasfleckenlosen Cola-light-Werbespot-

Fahrradbotin Judith: Am Funk sind alle gleich – aber mancher Büromensch ist tatsächlich erstaunt, dass auch Frauen schnell Rad fahren können.

Schönling darstellen (wollen), erfüllen Fahrradbotinnen Püppchen-Klischees: „Klar kriegt man das Wetter mit. Klar wird man dreckig und nass. Jeder andere kann sich unterstellen – aber als Botin geht das nicht, da kannst du den Regen dann richtig erleben", sagt Hydra – und freut sich ausdrücklich über diese Facette des Jobs. Und Chili ergänzt: „Zimperlich darf man halt nicht sein – und eine gewisse Affinität zu Anstrengung braucht man wohl auch." Aber was das jetzt mit einer grundsätzlichen Gender-Frage zu tun haben soll, verstehen sie nicht: Es gab und gibt genug Männer, die bei Gegenwind fast geheult haben. Die das Gewicht des Rucksacks zum Hadern mit Gott und dem Schicksal bringt. Und vor der Höhenstraße, dem Grünen Berg oder den anderen Stadt-Steigungen sind sowieso alle gleich.

Diese Gleichheit gilt aber nicht nur vor der Topographie, sondern auch am Funk: „Da werden alle gleich behandelt", stellt Fahrerin Judith fest: Weder werde diskriminiert noch bevorzugt. „Mir ist da jedenfalls noch nie was aufgefallen", bestätigt Hydra – und wenn es dieses „was" gäbe, dann würde es auffallen, ist Hydra sicher. Wenn schon nicht ihr, dann jemand anderem – egal ob Mann oder Frau.

Aber dass die Welt sehr wohl zwischen Bote und Botin unterscheidet, bekommen die Menschen am Rad natürlich schon mit. Beim Abholen und Abgeben. An Kreuzungen. Am Straßenrand. Und dass Botinnen bei einem Geschlechterverhältnis von einer zu acht eindeutig die rarere Spezies sind, ist natürlich auch allen bewusst. Auch ohne bewundernde Kommentare, dumme Witze oder Anzüglichkeiten. Egal, ob die nun von Männern oder Frauen kommen.

An ein erstauntes „Oh ... eine Botin ...?" hat sich Hydra da beinahe schon gewöhnt – interessant, ergänzt Judith, sei aber eben immer das, was danach komme: „Von manchen Männern wird man sehr genau gemustert. Da wirst du richtig abgescannt. Und dann kannst du dir Sachen anhören, wie ‚gute Figur' oder ‚stramme Wadln'." Und in den Gesichtern solcher Typen könne man dann oft lesen, was sie sich wirklich denken. Aber das Glück der Botin ist, dass sie rasch wieder weg ist – im Unterschied zu den Kolleginnen im selben Büro.

Manchmal sei im Nicht-Zutrauen aber vielleicht sogar eine Spur Bewunderung versteckt, übt Chili sich in positivem Denken: „Manche können halt wirklich nicht glauben, dass eine Frau so einen Job machen kann:

Ist das nicht zu schwer? Ist das nicht zu weit? Fragen in dieser Preislage kann man sich immer wieder anhören.“ Ob Chili diesen väterlich-besorgten Herren dann verrät, dass sie schon ganz andere Strapazen er- und überlebt hat, etwa eine Fahrradreise quer durch Asien? Die Botin lacht – und verdreht die Augen.

Porites lassen solche Kommentare eher kalt: „Einmal hat einer geätzt: ‚Haben's die Frauen heutzutage auch schon schwer ...‘ Soll er doch! Ich war schließlich freiwillig Fahrradbotin.“ Und darauf ist die (längst fertige) Meeresbiologin auch stolz: „So etwas machen eben nicht alle. Weder jede noch jeder.“

Frauen, berichten die Botinnen, haben andere Sätze auf Lager. Der häufigste? „Na, so sparen Sie sich wenigstens das Fitnesscenter.“ Doch auch wenn der Satz eine ebenso große Plattitüde ist wie die väterlichen oder anlassigen Männer-Sätze, trifft er im Kern wenigstens zu: Wer als Fahrradbotin oder als -bote unterwegs ist, hat selten Figurprobleme – oder leidet unter Bewegungsmangel: 33 Aufträge an einem Tag kann etwa Chili vorweisen (da können ziemlich viele Boten nicht mithalten). Aber dass die individuellen Besser- und Bestleistungen der Botinnen nichts dazu beitragen werden, dass in den Firmen statt des automatischen „He, der Bote ist da!“ ein „He, die Botin ist da!“ ertönt, weiß sie auch: Zählungen ergeben immer wieder, dass die Frauenquote am Botenrad bei etwa elf Prozent liegt.

Und dass sich daran so bald sehr viel ändern könnte, glauben auch die Fahrerinnen nicht. Vielleicht ja auch, weil der Bote auch in den Köpfen vieler Frauen, die den Job ganz locker machen könnten, männlich besetzt ist – und man eben erst „on the job“ mitbekommt, dass es beim Fahren dann mehr um Kopf und Koordination als um Muskelmasse geht: Schließlich wird auch in der Fabel von Hase und Igel immer nur am Rande erwähnt, dass der Hase da der gemeinsamen und gleichwertigen Leistung von einem Herrn und einer Frau Igel unterlegen ist.

„... aber zimperlich darf man in dem Job eben nicht sein“, ergänzt Chili.

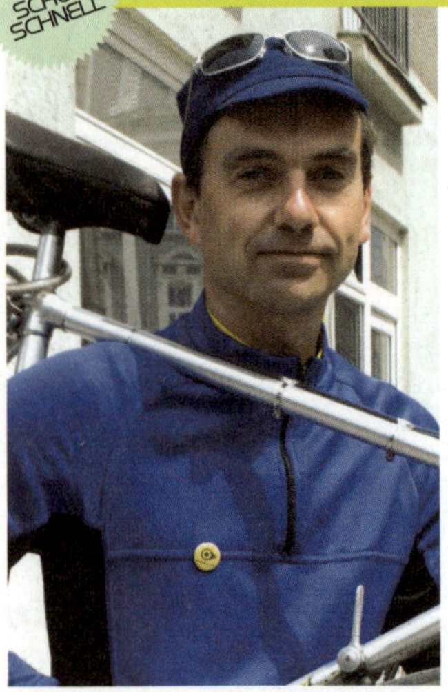

Creme

::: HINTER JEDEM FUNKNAMEN STECKT EIN MENSCH

Wer einen Fahrradboten ruft, sieht ihn meist nur ein paar Sekunden. Das ist auch ganz o.k. so. Man will ja nicht tratschen, sondern ein Stück irgendwas möglichst rasch von A nach B transportiert bekommen. Manchmal ist das aber schade. Denn hinter den Funknamen stecken Menschen mit manchmal spannenden, manchmal lustigen, manchmal seltsamen – immer aber sehr eigenen Geschichten.

Creme – ein Philosoph auf Rädern

Seit 15 Jahren radelt Creme im Dienste von Veloce. Der 38-Jährige fährt wie geschmiert nach dem Motto: maximale Effizienz. Anders gesagt: Erfahrung, gute Einteilung und Straßenkenntnis sind besser als Schwitzen.

Das war aber nicht immer so: „Am Anfang fehlte mir die Orientierung in der Stadt, da sind mir so Sachen passiert, wie dass ich vom Schwarzenbergplatz in den 1. Bezirk reingefahren bin und in den 9. Bezirk fahren wollte – und dann wieder auf der selben Seite rausgekommen bin. Da war ich dann schon froh, dass niemand anderer dabei war."

Der Magister der Philosophie wälzt seine Gedanken am liebsten auf dem Fahrrad. „Der Mythos des Götterboten schwingt immer mit", schreibt er in seiner Diplomarbeit über Koinzidenzen, also das gleichzeitige Zusammentreffen verschiedener Dinge, und fragt: „Was koinzidiert hier? In niemals real sich gebender, abstrakter Zergliederung können wir sagen, dass materiale Schubkraft und mythischer Bilderwirbel in liebevoller Vereinigung ein konkretes Erscheinungsbild des Botendienstes zur Welt gebracht haben (auch wenn wir dieses Phänomen als ein vom Ursprung weit entwöhntes Echo auffassen)."

Zum allgemein verständlichen Abschluss dieser Story ein irdisches Erlebnis: Creme sollte eine Sendung in einem Filmstudio abgeben, in dem gerade ein Casting lief. Und wurde für einen Schauspieler gehalten.

Highländer – es kann nur einen ohne Handschuhe geben

Highländer ist leidenschaftlicher Bergsteiger. Sagt ja schon sein Name.

Nach zehn Jahren Lebensmitteltransportieren hatte er sein Bekehrungserlebnis und wechselte vom Auto aufs Rad. Seit sieben Jahren ist der 41 Jahre junge Highländer nun Veloce-Bote. An die 1.400 Kilometer legt er da im Monat auf dem Sattel zurück – bis zu 12.000 Kilometer im Jahr also.

Highländer

Bis dato unfallfrei. Nur an ein einziges Mal kann er sich erinnern, wo es ihn „ansatzlos auf den Hintern g'setzt hat“: als seine Räder auf abgefallenen Blüten im Stadtpark die Haftung verloren. „Ich bin gefahren, unter mir war alles gelb und auf einmal war ich weg. Da kann man sich noch so eine schöne autofreie Strecke suchen, wenn du da nicht 100 Prozent Konzentration an den Tag legst, bist du als Radbote geliefert.“

Doch auch aller Anfang war schwer. „Sicher ist es im Winter immer schlimm, aber damals war es ein Wahnsinn. Noch dazu bin ich einfach alles gefahren, jeden Tag zehn bis zwölf Stunden lang.“ Mittlerweile ist er da schon abgehärteter. Highländers Spezialität: Er trägt keine Handschuhe. Nein, wirklich nicht – auch nicht bei Eis und Schnee. Und darüber staunen auch die anderen harten Bike-Jungs und Girls.

Judith – „Autos sind zu langsam“

Im Unterschied zu Highländer trägt Judith Handschuhe. Und findet das gut so. „Denn das sind so super Handschuhe, da kann man die Fingerspitzen wegklappen, deshalb ziehe ich sie nicht einmal beim Schreiben in den Büros aus.“ Ihr Motto: Kein Winterradeln ohne Handschuhe.

Judith wurde einmal „gedoored“, wie die US-Messenger sagen, wenn eine plötzlich aufgehende Autotür die Radfahrt unsanft stoppt. Doch die Wiener Fahrerin hatte Glück im Unglück: Der vom Autofahrer geholte Polizist erklärte diesem dessen Schuld und sprach Judith direkt vor Ort sozusagen frei. „Ein echter Freund und Helfer. Außer einer Schramme am Rad ist damals nix passiert.“

Aber Judith weiß mittlerweile längst, wo die größte Gefahr droht: Autos mit Nicht-Wiener Kennzeichen hat sie nicht so gern. „Die sind mit großer Vorsicht zu genießen. Die glauben oft, man darf überall in der Stadt nur 15 km/h fahren, und immer wenn du sie überholen willst, gasen sie dann an.“ Ganz geheuer ist Judith diese Aussage selbst nicht: „Das ist ja echt bedenklich, wenn ich mich als Radfahrerin über langsame Autos aufreg'.“

Chili – zwischen Schock und Liebe

Chili liebt scharfes Essen. Und die Red Hot Chili Peppers. Und Ötzi. Aber das ist eine andere Geschichte (keine Angst: Sie kommt noch).

Chili ist seit 1999 mit Unterbrechungen Fahrradbotin. Und vor der Geschichte von und mit Ötzi muss etwas anderes erzählt werden: „Einmal

Ötzi

bin ich auf der Wienzeile im normalen Verkehrsfluss an einem Taxi vorbeigefahren. Bei der nächsten Ampel blieb ich brav stehen und das Taxi holte mich wieder ein. Da hat sich der Taxler aus seinem Fenster gelehnt, mir ins Gesicht gespuckt und mich aufs Ärgste beschimpft." Chili beteuert, bis heute nicht zu wissen wieso: „Ich weiß wirklich nicht, warum er das getan hat." Wirklich nicht? Vielleicht war da doch eine Kleinigkeit. „Er ist ziemlich knapp neben mir gefahren. Kann sein, dass ich ihm den Finger gezeigt hab – aber so genau weiß ich das echt nicht mehr. Ich stand danach schließlich unter Schock."

Aber jetzt zu Ötzi. Der ist nämlich so was wie ein „Schlüsselerlebnis" – und das stieß der Botin vor mittlerweile acht Jahren zu: Chili lehnte ihr Rad vor der Veloce-Zentrale an und ging „auf Pause". Danach – eine Viertelstunde später – war ihr Rad abgesperrt. Mit einem fremden Schloss. Und mit einem anderen Fahrrad zusammengesperrt. „Das ist ein schlechter Witz", dachte sie. Trotzdem konnte sie darüber in dem Augeblick lachen, als Ötzi mit dem Schlüssel („und einem echt süßen Lächeln") um die Ecke kam. Heute weiß Chili, dass das Anketten kein Missgeschick, sondern geplant war. Und lächelt auch, wenn sie sich erinnert.

Seit damals haben sich Chili und Ötzi zu einem echten Abenteurerteam entwickelt. Im April 2004 fuhren sie gemeinsam von Österreich aus los, um die Welt zu umradeln. Quer durch Italien, Griechenland, Türkei, Iran, Pakistan, Indien, Nepal, Thailand, Malaysia und Singapur führte der Trip – bis nach Australien. Dort war dann das Geld und somit auch die Reise aus. Für 2007 haben die beiden ein neues Ziel: den Mustagh Ata, einen 7.546 Meter hohen Berg in China. Die Frage „Was willst du in fünf Jahren machen?" will Ötzi deshalb auch aufschieben: „Frag mich in drei Monaten nochmal, ich weiß ja nicht, ob ich nach dem 7.000er-Berg noch leben werde."

Ötzi – der Mann mit dem Schlüssel

Ötzi (35), Velocianer seit 1997, hat auch selbst – wenn er nicht gerade „Schlüsselerlebnisse" ausheckt – Geschichten zu erzählen: „Mich hat ein Bürohengst einmal bestellt, damit ich seine Freundin rauslasse. Die hatte er unabsichtlich zu Hause eingesperrt. Seine Frau würde nämlich zu Mittag nach Hause kommen – und da würde sich die Freundin in der Wohnung nicht so gut machen. Ich bin rechtzeitig angekommen und habe gerade noch aufsperren können – die Freundin hat mir die Tür praktisch ins

Gesicht geschnalzt und ist panisch an mir vorbei ins Freie gestürzt. Weg war sie."

Reini

Reini – der Globetrotter in Wien

Täglich Wien – Südkorea – Argentinien – China – Ukraine – Indien – Mauritius und zurück:

Reini ist wahrscheinlich jener Wiener Fahrradbote, der pro Tag in die meisten Länder abfährt. Per Fahrrad – und selten mehr als 30 Kilometer. Denn Reini sieht von all den schönen Ländern der Welt immer nur die Wiener Repräsentanzen. Botschaften und Konsulate also. Denn Reini ist einer der Veloce.Visum.Schnellservice-Spezial-Kuriere.

„Ich war Student und habe einen Job gebraucht. Da kam Veloce gerade recht. Denn ich wollte mich auch irgendwie sportlich betätigen", sagt er. Reini wollte „Dylan" heißen. Nach Bob Dylan. „Aber das war nicht so praktikabel. Am Funk hat man das sehr schlecht verstanden und darum musste ich mir einen anderen Künstlernamen aussuchen. Weil ich Reinhard heiße, bin ich jetzt einfach der Reini." Aber die Zeit machte es ihm leicht, sich mit diesem Los abzufinden: „Circa fünf Jahre bin ich bei Veloce. Vielleicht sind es auch viel mehr. Die Zeit vergeht hier sehr schnell."

Der Tag des Visum-Kuriers beginnt früh. So gegen sieben Uhr ist „Dokumenten-Check". „Ich überprüfe nochmals alle Kunden-Unterlagen auf Richtigkeit und Vollständigkeit. Es gibt da eine Unmenge an Bestimmungen, die sich laufend ändern. Und ich muss die kennen und beachten, damit die Kunden pünktlich verreisen können."

Danacht reist Reini von Land zu Land: Dokumente einreichen, Dokumente abholen – und vor allem: nix verwechseln.

Eigentlich geht Reini ja gerne Bergsteigen – aber ein bisserl Büroarbeit hält er schon aus: „Als Funkfahrer wäre ich vielleicht nicht so lange geblieben, da muss man immer mit den anderen den Aufträgen nachjagen." Und die Jagd liegt dem Tiroler nicht so. Aber gegen kleine Wettkämpfe mit anderen Boten hat er nichts einzuwenden. „Aber nur, wenn mich mal einer überholt. Nur: Das passiert eben sehr selten."

Reinis Lieblingsland in Wien ist übrigens Südkorea: „Die Frau hinterm Schalter ist immer sehr nett und bereitet alles vor. Mit der Zeit entwickelt man halt auch eine Beziehung zu manchen Konsularbeamten." Die Reisenden kennt Reini dafür kaum. Obwohl das eigentlich gar nicht stimmt:

Schließlich hält er ihre Pässe in Händen. Da erfährt man dann manchmal, wie ein prominenter Senior früher ausgesehen hat. Und da gibt es manchmal schon was zum Schmunzeln. „Aber mittlerweile fallen mir die schrägen Fotos gar nimmer so auf. Und die lustigen Nachnamen hab ich alle Dutzende Male gehört."

Einer der größten Vorteile des Botschafts-Boten ist die relative Sicherheit im Job: „Ich steh' ja viel mehr Zeit auf den Botschaften rum, als mich im Verkehr zu bewegen, resümiert der ehemalige Elektrotechnikstudent. Außerdem gibt ihm der Job auch die Zeit, die Welt zu bereisen. Und zwar wirklich: „In welchem Job kannst du dir sieben Wochen Urlaub nehmen und die Welt kennenlernen?" Etwa Indien oder Nepal, die Berge. Wie und wo er das richtige Visum bekommt, weiß Reini ja.

Adlerauge – der knallharte CliniClown

Adlerauge ist ein Unikat, das sogar in der an Unikaten nicht gerade armen Riege der Bikemessenger noch auffällt. Und das liegt nicht nur daran, dass er nahezu zwei Meter groß ist.

Denn auch in der notorischen Mehrere-Jobs-auf-einmal-Szene der Boten sticht Adlerauge hervor: Er ist Multijobber – mit vier Parallel-Jobs. Adlerauge ist beim Heer, in einem Labor und bei einer Sicherheitsfirma angestellt – und außerdem eben noch Fahrradkurier.

Bote ist der 41-Jährige geworden, weil er immer schon „was anderes machen wollte als die üblichen Leute". Und das Radbotendasein passt zu ihm. Denn „so wie beim Bundesheer muss man sportlich sein und darf keine Scheu haben, sich dem Wetter zu stellen: Die Witterung gibt die Adjustierung vor, doziert der stramme Riese – und betont, dass ein Mann eine Mission braucht: „Nur der Auftrag zählt."

Warum er sich damals Adlerauge als Funknamen aussuchte, weiß er nicht mehr genau: „Vielleicht hatte ich da gerade Ludwig Hirsch im Hinterkopf. Umso genauer weiß er, wie viele Kilometer er pro Tag abspult: „100 Kilometer sind normal, 135 Kilometer können es auch werden."

Zu seinem Rad pflegt der Bote/Soldat/Sicherheitsmann/Labormitarbeiter eine sehr enge Beziehung: „Das ist mein Kamel." Und dieses Kamel gehört der Gattung Trekkingbike an. Gestohlen wurde ihm einmal „das ältere Geschwisterl" – seitdem achtet Adlerauge immer darauf, dass sein Rad „abgehaut" ausschaut. Beim Bundesheer lernt man schließlich auch, wie wichtig Tarnen & Täuschen ist: „Obwohl ich mein Kamel sehr gut pflege. Einmal im Jahr gönne ich ihm ein Service und manchmal lass ich die einzelnen Teile austauschen."

Aber damit meint Adlerauge nur die großen Teile: Patschenflicken und so Kleinigkeiten machen Boten selbst. Ehrensache. „Wie lang ich fürs Reifenflicken brauche, kommt auf die Witterung an, aber circa 15 Minuten." Nach vier Veloce-Jahren weiß er, was gutes Material ausmacht. „Mittlerweile hab ich spezielle Mäntel. Die lassen kaum was durch – da reduziert sich die Patschenhäufigkeit schon sehr. Ich hab jetzt auch schon länger nix mehr gehabt."

Das passt, denn Adlerauge liebt es reibungslos: Seine liebsten Momente sind die, in denen er einen Auftrag per Funk bekommt und zufällig schon genau bei der Adresse steht. So was kommt tatsächlich vor. Außerdem mag der Zweimetermann die schnellen Touren, die „Citybeamer" genannten Sofort-jetzt-gleich-super-rush-flash-schneller-als-erlaubt-Zustellungen. Da packt ihn der Ehrgeiz: Karlsplatz – Klosterneuburg in 35 Minuten. Oder: Veloce Zentrale (dritter Bezirk) – Flughafen Schwechat unter 45 Minuten. Und da kam dann auch noch das Glück dazu: „Die hatten zufällig auch gleich was zum Mitnehmen."

Konflikte mit der Polizei muss dieses Tempo aber nicht provozieren. Adlerauge hatte jedenfalls noch nie beamtete Zores. Oder Streit mit anderen Verkehrsteilnehmern. Das, ist er überzeugt, mache seine positive Einstellung: „Man teilt sich die Straße. Gegeneinander bringt nix – außerdem bin ich ja immer der Schnellere."

Nur einmal wollte ihm das ein Auto nicht glauben – und nahm Kontakt auf: „Da bin ich runter die Argentinierstraße ... bei der Goldeggasse habe ich dann gemerkt, da fährt jemand sehr blöd auf den Fahrradstreifen zu. Links war auch schon ein Auto, das wollte abbiegen, hat aber eh verzögert. Für eine Vollbremsung war es zu spät, Ausweichen ging auch nicht. Befehl vom Kleinhirn: Trennen vom fahrbaren Untersatz. Und wie der Jackie Chan eine Hechtrolle über die Motorhaube. Null ist passiert, überhaupt nichts. Weder mir noch dem Rad. Das Auto hab ich auch gefragt, ob ihm was passiert ist, war aber auch okay."

Die Hechtrolle hatte er schon geübt. Oder hatten wir zu erwähnen vergessen, dass Adlerauge auch seit 20 Jahren Kampfsport macht? „Das sind Reflexe. 20 Jahre Taekwondo helfen." Derlei, meint der Berufsdraufgänger,

BOTENECKE:

FUNKNAME: ADLERAUGE

WIE LANGE BIST DU SCHON BOTE?
4 JAHRE

BESCHREIBE DEIN FAHRRAD:
TREKKINGBIKE, MEIN KAMEL, ABG´HAUT

WIE VIELE KILOMETER SCHAFFST DU AM TAG?
100 KM

WIESO BIST DU BOTE GEWORDEN?
GELIEBT-GEHASST-GEACHTET-GEFÜRCHTET – ETWAS ANDERES

DIE BESTE AUSREDE, WENN DICH EIN POLIZIST BEI IRGENDWAS ERWISCHT?
ICH BRAUCHE KEINE AUSREDEN

WELCHE VERKEHRSREGEL WÜRDEST DU WIRKLICH NIE ÜBERTRETEN?
VORRANG

DEIN SCHÖNSTES/SELTSAMSTES TRANSPORTSTÜCK ODER DEIN SELTSAMSTER AUFTRAG/FAHRTBERICHT:
200 HEUSCHRECKEN, 100 KONDOME (1 HAMBURGER ROYAL MIT POMMES FRITES)

WOZU TAUGEN AUTOS IN DER STADT?
FÜR TRANSPORTE, DIE HUMANE KAPAZITÄT ÜBERSCHREITEN

Stoffl

sei eben auch „Naturell. Männer sind auch Viecher. Die haben einen Jagdinstinkt und brauchen den Dschungel."

Aber der „Dschungel" ist immer dort, wo man eine echte Herausforderung sieht – und annimmt: Für eine „Tausche Beruf"-TV-Story sollte der Bote einen Tag in einem Krankenhaus arbeiten. Als „Clowndoctor" der CliniClowns. Also tauschte er mit einer professionellen Clowndoktorin Botendress gegen Ärztekluft und seriösen Blick – und fuhr ins Kinderspital und kam fast mit Tränen in den Augen zurück: „Die Kinder waren so lieb!" Die Zuneigung war übrigens gegenseitig: Die Kinder waren von dem Lulatsch total begeistert. Und auch die „eingetauschte" Clown-Ärztin schlug sich am Rad wacker – und verteilte unterwegs „Glücks-Pillen": Rote CliniClown-Nasenaufsteck-Bälle.

Stoffl – der, der's wieder gutmacht

Christoph Kleemann ist heute Leiter der Landesdirektion Burgenland der Zürich Versicherungs-AG. Also ein ganz klassischer Manager. Gelernt hat er sein Handwerk aber – auch – bei Veloce. Als Dispatcher musste er täglich bis zu 800 Aufträge und 80 Fahrer koordinieren.

Mit 26 Jahren sah der Student nämlich einen Aushang und bewarb sich gemeinsam „mit einem Haufen anderen Leuten". Eigentlich wollte er ja Fahrradbote werden. Aber daraus wurde nichts.

Denn dass der junge Mann nicht nur selber treten, sondern auch andere koordinieren konnte, wurde schon am ersten Arbeitstag offensichtlich – und so „verdonnerte" Paul Brandstätter den Rookie umgehend in den „Innendienst". Schließlich hatte Kleemann angegeben, schon mit 23 Jahren selbstständig im Finanzdienstleistungssektor gearbeitet zu haben. Und hatte da eine kleine Firma aufgebaut. „Nach drei Jahren war die ganz gut entwickelt. Und weil es nicht nur ums Geld geht, habe ich eben wieder zu studieren begonnen." Weil aber neben dem Studium unkompliziertes Geld notwendig war, kam die Option „Veloce" gerade recht: „Das war mir da irgendwie sympathisch." Auch, weil sich die Arbeitszeit an den Stundenplan des Studenten an der Geisteswissenschaftlichen Fakultät der Uni Wien anpassen ließ.

So wurde aus Christoph für vier Jahre Stoffl. Das war im Herbst 1989. Veloce war zwei Jahre alt und immer noch ein Verein. Aufträge gab es in stattlicher Zahl, aber noch im überschaubaren Rahmen.

Und Stoffls Job war es, sie an die Fahrer zu bringen. Zehn gab es zu seiner Zeit. Und keinen Computer. Und kein Callcenter-Headset: Man schuftete mit einem riesigen Telefonprügel zwischen Schulter und Ohr – und starrte auf ein Nagelbrett. „Der Receiver hat die Aufträge auf einen Zettel geschrieben, den er mir rübergereicht hat. Ich hab aus den Zetteln kleine Stöße gemacht – je ein Packerl für jeden Fahrer." Die Idee war aber so wie heute: Man musste schauen, dass die Fahrer ideal ausgelastet ihre Routen planen konnten. Und darauf achten, dass sie die Termine einhalten konnten. „Auf der Pinwand hab ich dann diese Zettelstöße aufgepinnt und den Namen des Fahrers dazu geschrieben." Klingt nach Steinzeit – war aber doch schon fast modern: Immerhin gab es da schon Funkgeräte.

Aber Kleemann hat auch noch das Pagerzeitalter miterlebt: „Das war erst muhsam! Wir haben den Fahrer angepagt. Der fuhr dann eine Telefonzelle suchen und hatte hoffentlich genügend Kleingeld dabei. Dann hat er zurückgerufen. So haben die Boten dann ihre Aufträge bekommen."

Anfang der 90er, also nach den ersten beiden Kleemann-Jahren, ist die Auftragslage dann explosionsartig angestiegen. Die Fahrerzahl stieg auf 80. Kleine Zettel am Nagelbrett hätten da wohl alle Mitarbeiter in den Wahnsinn und die Firma in den Ruin getrieben.

Die Computer-Ära brach an. Das System sagte der Zettelwirtschaft auf den Schreibtischen den Kampf an. Und versprach kompakte Informationsflüsse. „Aber die Koordination von Fahrern und Aufträgen schaffte kein Rechner und keine Software von damals." Das – das nur nebenbei – schaffen sie bis heute nicht.

Wie sich die ersten Computer aber machten, weiß Stoffl nicht – er war da gerade Zivildiener. Danach teilte ihn Paul Brandstätter der Abteilung „Spezialprojekte" zu: Wie trennt man bei Bewerbungsgesprächen Volldillos von potenziellen Superfahrern? Wie teste ich die Ortskenntnisse von Kandidaten – und erkenne trotzdem, wer da ausbaufähig ist? Und: Welche Organisationsmodelle ermöglichen es, hinter den Kulissen effiziente Strukturen und Prozesse zu installieren? „Da hab' ich viel über Gruppendynamik gelernt. Davon profitiere ich bis heute. Das war ein extrem bunter Haufen an Leuten mit sehr unterschiedlichen Lebensläufen, Hintergründen, Chancen und Temperamenten." Das ging, erinnert sich der Ex-Dispatcher, bis hin zu Typen, die aus dem Gefängnis kamen und zwischen braven Studenten wieder Fuß fassen lernen sollten. Als Gleicher unter Gleichen. Und das, sagt

BOTENECKE:

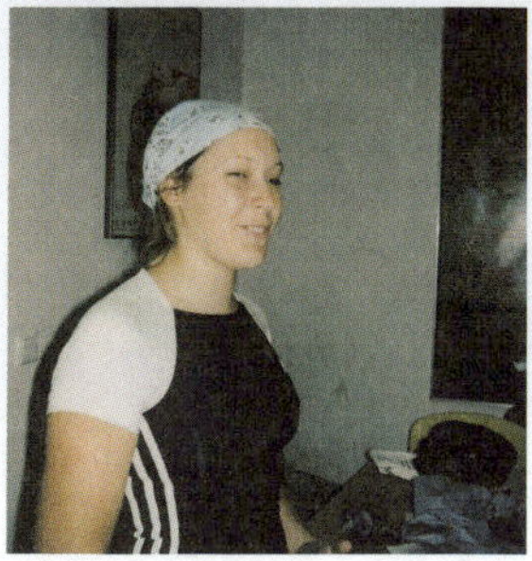

FUNKNAME: JUDITH

WIE LANGE BIST DU SCHON BOTE?
CA. 2 JAHRE

BESCHREIBE DEIN FAHRRAD:
ROBUST UND DRECKIG

WIE VIELE KILOMETER SCHAFFST DU AM TAG?
ZWISCHEN 50 UND 100 KM

WIESO BIST DU BOTE GEWORDEN?
WEIL ICH GERN RAD FAHR UND DABEI GELD VERDIENE

DIE BESTE AUSREDE, WENN DICH EIN POLIZIST BEI IRGENDWAS ERWISCHT?
NETT DREINSCHAUEN

WELCHE VERKEHRSREGEL WÜRDEST DU WIRKLICH NIE ÜBERTRETEN?
AUF DER AUTOBAHN FAHREN, VORRANG

DEIN SCHÖNSTES/SELTSAMSTES TRANSPORTSTÜCK ODER DEIN SELTSAMSTER AUFTRAG/FAHRTBERICHT?
HEUSCHRECKEN
(ALS VELOCISSIMO)

WOZU TAUGEN AUTOS IN DER STADT?
NA JA, ALS FORTBEWEGUNGS- UND TRANSPORTMITTEL, ABER MEISTENS SIND SIE NUR STÖR- UND STAUFAKTOR (FÜR DEN BOTEN)

Dandi

Kleemann, sei auch das Wichtigste gewesen, was er mitgenommen habe, als er sich 1993 dann wieder der Finanzwirtschaft zuwandte: der Umgang mit Menschen: „Man lernt Toleranz."

Dandi – der Dreitagesbote

Bernhard „Dandi" Salzer arbeitet heute in der Pressestelle der Wirtschaftskammer Österreich – und war mit unter den ersten Wiener Fahrradboten: „Auf Anregung eines Freundes (des Buchautors) hat mich vor 20 Jahren kurzfristig das Veloce-Fieber gepackt. Der Gedanke, zweierlei Gutes zu tun, erstens den eigenen Körper durch stundenlanges Radfahren zu stählen, zweitens dabei einer schönen Idee zum Leben zu verhelfen und dafür auch noch ein wenig Geld zu verdienen, hat mich dazu veranlasst, im Spätherbst zu einem Infoabend in ein düsteres Souterrain-Lokal am Mittersteig zu gehen. Aus dem Infoabend wurde ein kurzes Engagement als Botenfahrer. Die ersten zwei Tage entsprachen voll meinen Erwartungen: ein passables Leihrad, kleinere Aufträge innerhalb des Gürtels, angenehme Temperaturen und prächtiger Sonnenschein. Der dritte Tag sollte dann aber auch mein letzter werden. Ein Kaltwettereinbruch mit Schneetreiben sowie der Auftrag für eine Fuhre aus dem Stadtzentrum ins Lainzer Spital und zurück ließen mich meinen jugendlichen Enthusiasmus für die gute Sache schnell vergessen und das Veloce-Engagement meinerseits kündigen. In diesem Sinne zolle ich allen Veloce-Fahrern, die täglich ihren inneren Schweinehund besiegen, meinen vollen Respekt – Hut ab.
PS: Auf mein Gehalt für die drei Veloce-Tage habe ich übrigens verzichtet."

Roli

::: ROLI – DER BOTE, DER ZUERST „DR. KURT“ WAR, DANN DIPL.-ING. & IT-ABTEILUNGSLEITER WURDE UND NUN ZWEI VELOCE-KINDER HAT

Angefangen hat alles ganz normal: Roland Sommer war TU-Student. Man nannte ihn „Roli“. Roli suchte Abwechslung und Geld. Deshalb ging er im Dezember zu Veloce. (Der Monat, das nebenbei, ist wichtig: Leute, die im Winter anfangen und durchhalten, gehören zu den „High Potentials“ der Szene.) 1990 war das. Da wurde Roli zu einem anderen. Zu „Dr. Kurt“: „Weil ich ein riesiger Kurt Ostbahn-Fan bin. Ich war auf 21 Konzerten!“ Nach einem Jahr ereilte Dr. Kurt aber der Ruf der Zentrale: Dr. Kurt wird Dispatcher und für die effiziente Koordination von anfangs 200 Botenfahrten und zum Schluss fast 1.000 Aufträgen pro Tag zuständig. Das war 1994 – denn da war Roli mit dem Studium fertig: Dr. Kurt verließ Veloce und ging als Dipl.-Ing. Sommer zur Allianz. Dort ist er heute als IT-Abteilungsleiter für die österreichweite Softwareentwicklung zuständig. Und dann sind da natürlich die Veloce-Kinder. Aber wir greifen vor.

Veloce, sagt Roli heute, war prägend. Dr. Kurt erinnert sich an ärgste Regentage, „wo man so nass war, dass es auch schon egal war, und man trotzdem noch Aufträge angenommen hat. Um den armen Funker zu erlösen.“ Wasser, sagt der Radfahrer, spiele beim Radfahren nämlich eine große Rolle: Sei es, wenn man einen Goldfisch-im-Plastiksackerl transportiert, sei es, wenn die Firma Ausflüge zum Neusiedler See macht. Mit Tretbootrennen bei aufziehendem Sturm. Oder wenn die ganze Bande zum Rafting auf die Salza fährt. Gut, das machen andere Firmen auch – aber die Veloce-Crew fuhr mit dem Fahrrad nach Wildalpen/Steiermark. Was Roli von Veloce mitnahm, ist aber mehr als wässrige Erinnerungen: „Da war zum einen die Persönlichkeitsentwicklung, weil das soziale Kaleidoskop an Mitarbeitern nicht alltäglich ist und man sich hier persönlich weiterentwickeln kann. Zum anderen konnte ich im Dispatch meine koordinativen Fähigkeiten weitertrainieren. Und die brauche ich jetzt täglich.“ Ja eh – aber was ist mit diesen Veloce-Kindern? Roli lacht: Seine Frau hat er auch von Veloce „mitgenommen“. „Sie war Fahrerin, ich Funker, am Funk hieß sie Martini, im echten Leben heißt sie Martina. Wir sind heuer zehn Jahre verheiratet und haben zwei Kinder (9 und 5 Jahre alt)“. Fahrrad fährt Dipl.-Ing. Roland jetzt „leider gar nicht mehr, aber ich jogge dreimal pro Woche. Ich sehe auf der Straße regelmäßig Veloce-Boten und denke manchmal wehmütig zurück. Ich würde gerne wieder einen Tag in diese Rolle schlüpfen. Unter welchem Namen? Was für eine Frage! Dr. Kurt natürlich.“

::: „RATIONALITÄT IST EINE MARKTLÜCKE"

Der Philosoph Konrad Paul Liessmann reflektiert über Fahrradboten, Stadtverkehr und das Image vom Rebellen im Stau.

Konrad Paul Liessmann ist Professor für Philosophie an der Universität Wien. 2006 wurde er zum „Wissenschafter des Jahres" gewählt. Liessmann selbst ist Radfahrer – wenn auch nicht in der Stadt („Das ist mir zu gefährlich"): Am Wochenende setzt sich der Philosoph auf das Straßenrennrad und spult seine Kilometer herunter.

Herr Professor, was für einen Bezug haben Sie zu Fahrradboten?
Ich habe oft mit Fahrradboten zu tun, weil ja immer wieder Texte zwischen mir und meinem Verlag hin und her geschickt werden. Ich bin also ein Nutznießer dieser Kultur und nutze die Vorteile der Branche: Schnell, flexibel und immer gleich da. Sie sind meist schneller als Taxiboten und andere städtische Botendienste und schon aus dieser Perspektive eine sehr positive Sache. Und als Genre gesehen ist der Fahrradbote auch Sinnbild einer urbanen Verkehrskultur. Aber Fahrradboten sind natürlich mehr. Sie bringen einen Hauch vom wilden Leben für einen kleinen Moment, in dem man ihnen das Paket übergibt, an die Tür. Es fallen also einige Aspekte auf: der Gestus des Abenteuerlichen und des Nicht-immer-Regelkonformen oder des besonderen Outfits. Das Insistieren auf eine unkonventionelle Form der Mobilität umgibt ihn sozusagen als Aura.

Freilich: Es gibt da die Aura und das Image – und den einzelnen Boten. Der einzelne Bote an sich muss mit dem Image oft gar nichts gemein haben, aber das Genre spielt dennoch als Ganzes mit diesen Bildern.

Wie definieren Sie diese Aura von Wildheit?
Das ist simpel: Fahrradboten sind sehr schnell unterwegs – und schwitzen daher meistens. Und haben daher eine Ausstrahlung, einen Geruch von Anstrengung, der durch sie in eine Umgebung gebracht wird, in der man das nicht mehr gewohnt ist: Verlage, Chefetagen, Agenturen – dort ist der Geruch von Arbeit und körperlicher Anstrengung heute nicht mehr gang und gäbe. Boten sind aber auch anders gekleidet – der Bote kommt in einem Raddress in ein Büro. Also in eine schicke, gestylte Umgebung. Da gibt es beim Boten die Rennrad- oder die nonkonformistische Note. Das eine ist der

Sportler-Typus, das andere das nichtangepasste, wilde Leben – und das fällt eben in so einem Umfeld auch auf.

Ganz wichtig ist dabei aber, dass der Fahrradbote zu einem Symbol geworden ist. Ob er das als Individuum nun will oder nicht: Er ist ein Symbol. Der Fahrradbote steht dafür, dass es neben der motorisierten Form des Verkehrs, also neben dem Auto, in der Stadt noch andere Möglichkeiten gibt. Und er ist ein Symbol für die immer wieder in unterschiedlichsten Zusammenhängen debattierte Konfrontation zwischen Automobil, Radfahrer und Fußgänger.

Es fahren ja viele Leute mit dem Fahrrad in der Stadt – aber der Fahrradbote ist kenntlich. Durch den Rucksack oder ein Logo auf der Kleidung. Sie sind also zuordenbar.

Und Fahrradboten praktizieren oder setzen sogar Normen: In der Art zu fahren, durch das Übertreten von Regeln, das Ignorieren von Einbahnen oder das Am-Gehsteig-Fahren. Sie demonstrieren – im Guten wie im Schlechten – auch das Besondere am Radfahren. Das beobachte und bewundere ich immer wieder: Es ist ein gewisse Virtuosität in der Art, wie ein Bote fährt. Denn es braucht Mut und oft geradezu Tollkühnheit in der Bewegung im Verkehr, wenn man mit atemberaubender Geschwindigkeit an einer sich nur langsam bewegenden Kolonne vorbeizieht, Abstecher auf den Gehweg macht und sich dann wieder zwischen die Fahrzeuge wirft. Und was da dazukommt: Damit tut man all das, was Fahrradfeinde ärgert und zur Weißglut bringt. Und Fahrradboten praktizieren genau das – manchmal mit einer Grandezza und Virtuosität, die neidig macht.

Manchmal – denn vermutlich fahren die meisten eh ganz normal und ordentlich. Aber sie haben eben diesen Ruf und diese Aura und fallen im Stadtverkehr als Alternative auf, weil sie sich nicht nur an die Wege halten, die für Radfahrer reserviert sind, sondern keine Scheu vor dem dichtesten Verkehrsgewühl haben.

Der Ärger der anderen – ist das nicht auch Neid der im Blech Gefangenen, dass da einer, der weniger Geld für seine Mobilität bezahlt hat, schneller ist?
Ich denke, das ist ein bezeichnendes Bild. Das Verhältnis von Autofahrern zu Radfahren lässt sich eigentlich nur psychoanalytisch erklären, weil es vollkommen irrational ist. Der Autofahrer ist in jeder Hinsicht der Stärkere. Er ist, wenn er nicht gerade im Stau steckt, der Schnellere, er ist der Geschützte,

auch weil er nicht Wind, Wetter, Sonne und Schnee ausgesetzt ist. Und er muss sich nicht körperlich anstrengen – und ärgert sich trotzdem, dass ein Schwächerer, Schutzloser, der keinen Motor, sondern nur seine eigene Körperkraft zur Verfügung hat, dass so einer also dann ein- oder zweimal am Tag an ihm vorbeizieht und sich für kurze Zeit und auf streng definiertem Raum schneller fortbewegt als er selber. Es ist interessant, wie schwach das Ego des Autofahrers tatsächlich sein muss, dass ihn ein Radfahrer in dieser Art und Weise so leicht provozieren kann. Man merkt es ja am Verhalten, am Hupen und Blinken, dass der Autofahrer damit nicht zurande kommt, schneller ist. Und ich denke, dass der Fahrradbote, eben als Sinnbild des sich fortbewegenden, schnellen Radfahrers, da ein Symbol ist.

Außerdem ist er ein Symbol dafür, dass es in einer vom Verkehr überlasteten Stadt natürlich wesentlich rationaler wäre, mit dem Fahrrad zu fahren: es ist umweltfreundlicher, es ist gesünder – und es ist schneller. Aber das ist etwas, was eine aufs Automobil fokussierte Gesellschaft offensichtlich nur sehr schwer erträgt. Auch das macht den Fahrradboten in gewissem Sinn zu einer Rebellengestalt.

Darüber hinaus geht es auch um die Tatsache, dass man einen Aspekt der urbanen Zivilisation, nämlich den schnellen Transport von Nachrichten und Gütern, mit einem Medium erledigen kann, das so gänzlich unmodern wirkt. Weil da doch mit eigener Muskelkraft gearbeitet wird. Wie vor der Erfindung der Maschine. Und vor allem vor der Erfindung des Verbrennungsmotors.

All das zusammen ist der Widerspruch, der faszinierend ist, der aufregend ist – und der auch für viele Menschen provozierend ist.

Der Widerspruch geht aber auch weiter: Der Bote ist ein Büttel eines Systems – das sich durch seinen eigenen Wohlstand lahmgelegt hat. Und seine Arbeit hält das System mit am Laufen.

Es ist eines der Grundparadoxa des motorisierten Stadtverkehrs, dass ein Auto alles das, was es leisten soll, im Stadtverkehr unmöglich leisten kann. Es ist unpraktisch, man braucht viel Zeit, Platz, findet keinen Parkplatz und bewegt sich nicht. Man hat 200 PS – und fährt im Schritttempo. Und der Bote hat nur zwei Beine und ist dreimal so schnell.

Gleichzeitig stimmt das natürlich: Der Fahrradbote ist einfach nur ein kleines Arbeitnehmerrädchen der Kommunikationsindustrie. Sein

Funktionieren, seine Schnelligkeit und sein Einsatz dienen der Logistik des Kapitalismus. Was er transportiert, sind Geschäftsstücke – keine Kassiber und keine revolutionären Botschaften. Das heißt: Sein Rebellentum ist die Attitüde der Fortbewegung – das Ziel seiner Fortbewegung ist aber, das weitere Funktionieren der bestehenden Gesellschaftsordnung zu unterstützen.

Ein weiterer Widerspruch wäre, dass der USP des Boten der Stau ist.
Der Bote ist ein Profiteur einer Paradoxie – und der Entdecker einer Marktlücke. Man hat erkannt, dass diese Gesellschaft verkehrstechnisch in urbanen Zentren im Begriff ist, sich selbst lahmzulegen – und da Mittel und Wege gefunden, dem zu entwischen, indem man auf das gute alte Fahrrad zurückgreift. Ich denke, es besteht gar keine Gefahr, dass diese Tendenz der Selbstlahmlegung durch schlechte Verkehrsplanung und andere politische Maßnahmen in der nächsten Zeit ins Gegenteil verkehrt wird.

Mag sein, dass eine wirklich vernünftige Verkehrspolitik mehr Menschen zum Umsteigen auf öffentliche Verkehrsmittel oder das Rad im urbanen Bereich bewegen könnte. Und wenn das passiert, könnte es schon sein, dass man mit dem Auto wieder schneller in der Stadt an sein Ziel kommt und dann der Nimbus des Fahrradboten wieder abnimmt. Aber in einer Stadt, die ein dermaßen irrationales Verhältnis zum Auto hat wie Wien, ist diese Gefahr gering. Da ist und bleibt der Fahrradbote Kontrapunkt und Antipode zur realen Verkehrspolitik – und dadurch ganz besonders geeignet, symbolische Bedeutungen auf sich zu ziehen.

Dennoch: Was ist mit dem Widerspruch der Umweltverschmutzung als USP bei einem umweltfreundlichen Betrieb?
Das ist die Logik von Märkten. Wir leben paradoxerweise im Markt das Gegenteil von Kants kategorischem Imperativ. Der Markt lebt davon, dass nicht alle das Gleiche tun. Natürlich, wenn alle das Gute und Freundliche anstrebten, würde das umweltfreundliche Verhalten in dem Sinn keinen Extraprofit mehr erlauben. Aber wir gehen eben davon aus, dass die Bedürfnisse und Beweggründe der Menschen grob unterschiedlich sind und sehr oft das irrationale Verhalten stärker ist als das rationale Verhalten. Und dass Rationalität oft nichts anderes ist als eine Marktlücke. Das gilt auch umgekehrt: Wenn sich alle Menschen umweltfreundlich fortbewegen würden, gäbe es die Profession des Fahrradboten erst recht. Das wäre dann einfach

eine Transportmöglichkeit – dann wäre auch die Polizei auf Fahrrädern unterwegs. Und dann wäre der Profi am Rad nichts Besonderes. Weil das die Mehrheit aber nicht tut, bleibt der Fahrradfahrer, und im Besonderen der Fahrradbote oder der professionelle Fahrradfahrer, ein Exot, der sich optisch, akustisch und auch olfaktorisch vom motorisierten Verkehrsteilnehmer abhebt.

Stichwort Polizei: Zum Boten gehört die Koketterie mit dem Regelbruch. Erfüllt der Fahrradbote auch den Traum vom Rebellentum des Büromenschen, weil doch erst sein Transportgut und der Auftrag, schnell zu sein, den Regelbruch provoziert?
Ich glaube, das geht dann doch zu weit. Ich glaube, dass die wenigsten überhaupt darüber nachdenken, ob der Bote über eine rote Ampel fährt oder nicht. Ich glaube aber, dass das Kokettieren mit dem Regelbruch eher damit zu tun hat, dass man sich als Radfahrer anders, wendiger, bewegen kann. Und man sich eben nicht an alle Regeln halten muss: Ob es erlaubt ist oder nicht, interessiert nicht – sondern ob es geht. Man schaut, wo die Lücke ist. Man sucht den Spielraum. Und entscheidet situativ. Man hat als Radfahrer einen anderen Überblick als ein Autofahrer – und man sieht, dass die Kreuzung frei ist, und fährt eben weiter.

Ich persönlich habe da ein skeptisches Verhältnis dazu. Denn ich glaube, dass es kein revolutionärer Akt ist, Verkehrsregeln zu brechen. Es ist keine Revolution, bei Rot über die Kreuzung zu fahren – und man gewinnt auch nicht so enorm viel Zeit. Ich halte es also für einen höchstens oberflächlich-rebellischen Zug. Das hat vielleicht moralischen Outfitcharakter, aber nichts mit einer Auseinandersetzung mit irgendwelchen politischen oder verkehrstechnischen Verhältnissen zu tun.

Und ich glaube auch, dass niemand einen Fahrradboten beauftragt, weil es im Innersten seines Managerherzens eine altlinke Ader gibt, in der das Blut freudig pocht, wenn da einer bei Rot über die Ampel zieht.

Letzte Frage: Sie sind selbst eigentlich Radfahrer?
Ja. Aber ich fahre rein aus Regenerationsgründen. Mit dem Rennrad und nicht in der Stadt, denn das ist mir viel zu gefährlich und zu anstrengend. Ich fahre aber in meiner Freizeit relativ viel. Aber das ist etwas ganz anderes, als als Bote Rad zu fahren: Natürlich fährt der Rennradfahrer

auch durch verbautes Gebiet und macht seine, dem Fahrradboten durchaus ähnlichen, Erfahrungen mit Autofahrern – aber wenn einer mit dem Rennrad zu seiner eigenen Befriedigung fährt, geht es um etwas anderes. Dem Boten geht es darum, sich an einer Kolonne vorbeizuschummeln, er kämpft sozusagen gegen den Verkehr und die Autos. Das Entscheidende für den Rennradfahrer ist aber immer nur der Kampf gegen sich selbst.

::: SOZIAL VERTRÄGLICHE REVOLTE DES ALLTAGS

Die Fahrradbotenfahrer im Kontext der individualisierten jungen Mobilität – ein Essay des Jugend- und Trendforschers Bernhard Heinzlmaier

Es gibt einen gravierenden Unterschied zwischen der österreichischen und der deutschen Jugend. Die österreichische Jugend ist bei weitem ökologischer und denkt stärker über unmittelbare Systemgrenzen hinaus. Im Klartext heißt das: Während die Deutschen stärker Hinnehmer und Akzeptierer sind, sind die Österreicher Revoluzzer, Aufbegehrer und Fragensteller. Für die Österreicher ist die Welt in erster Linie veränderbar.

Während für die Deutschen das Bestehende wichtiger und schützenswerter ist, denken die Österreicher immer schon an das, was hinter der gerade gegebenen Wirklichkeit schon heute auf sie warten könnte. Die österreichische Alltagskultur ist damit weitaus offener der Zukunft gegenüber, der Österreicher insgesamt beweglicher, dem Neuen, der Veränderung gegenüber aufgeschlossener und damit auch im weiteren Sinn mobiler.

Mobilität, dieser Begriff und alles, worauf er in der Realität verweist, kennzeichnet auch einen tiefgreifenden Unterscheid zwischen den Generationen. Die Jüngeren sind weitaus beweglicher, sowohl was ihre Werte und Einstellungen als auch was ihr tatsächliches Verkehrs- und Bewegungsverhalten im öffentlichen Raum betrifft. Das sieht man vor allem gut anhand der geographischen Verteilung der Freundeskreise.

Während die Freundeskreise der Älteren primär in deren unmittelbarem Lebensumfeld zu finden sind, verteilen sich die Freundeskreise der Jüngeren häufig über große geographische Areale. Nicht selten hört man von einem oder einer 20-Jährigen: Von meinen drei besten Freunden sitzt einer in München, der andere in Klagenfurt und einer ist gerade auf einem Auslandssemester in England." Weit auseinander liegende Entfernung und enge Freundschaft sind für die Jungen keine Gegensätze mehr. Sie überbrücken Entfernungen schneller, leichter, spontaner und bedenkenloser als die Alten, per Zug, Billig-Airline oder im virtuellen Raum des WWW.

Aber man ist nicht nur beweglicher als die Alten, auch die Art und Weise, wie man sich bewegt, ist anders geworden. Die Jugendlichen und jungen Erwachsenen versuchen sich individueller zu bewegen, d.h., man hat ein persönliches Bewegungskonzept, z.B. wenn man verreist, und dieses Bewegungskonzept schließt für die große Mehrheit der vor allem höher

Gebildeten die organisierte Gruppenreise aus. Zudem versucht man die Bewegung selbst zum Erlebnis zu machen, d.h., man wählt unkonventionelle Routen, geht sozusagen „offroad“, in einen Bereich also, wo es Hindernisse zu überwinden gilt, symbolisiert aber auch die Freude am Überwinden dieser Hindernisse.

Offroad steht aber nicht nur für ein Trekking-Konzept, das notwendigerweise nach einer unzivilisierten, wilden Natur verlangt. Offroad ist als Fortbewegungskonzept auch im Zusammenhang mit Urbanität denk- und umsetzbar. Wir kennen viele neue Bewegungskulturen, die im urbanen Raum stattfinden und diesen quasi gegen den Strich bürsten. So zum Beispiel Parcours, eine Bewegungsart, bei der junge Menschen den urbanen Hindernissen wie Mauern, Zäunen, Gräben, Brücken etc. nicht auf den vorgegebenen Pfaden der Allgemeinheit ausweichen oder folgen, sondern diese bewusst, vor allem aber akrobatisch überwinden. Oder die BMX-Fahrer und Skateboarder, die z.B. Parkbänke nicht zum Sitzen benutzen, sondern sie mit speziellen Sprung- und Fahrtechniken überwinden oder befahren. Auf diese Art ist Bewegung nicht mehr nur ein Vorgang, bei dem eine Distanz zwischen zwei Punkten überwunden wird, die Bewegung selbst steht im Mittelpunkt des Interesses, ihr Erlebniswert also.

Die neuen Heroes der urbanen Mobilität sind also Menschen, die sich gegen oder außerhalb der gebändigten uniformen Ströme der städtischen Massen bewegen und die zudem die kodifizierten Bewegungsregeln der Urbanität durchbrechen. Darüber hinaus ziehen sie Objekte in den Bewegungsprozess hinein, z.B. Parkbänke, die niemals als Teile eines Bewegungsverfahrens gedacht waren.

Beobachtet man nun die Wiener Fahrradbotenfahrer, so sieht man auf den ersten Blick, dass es hier um mehr geht als um die Ausführung einer bezahlten Dienstleistung. Fahrradbotenfahrer kultivieren eine eigene Rolle, ein spezielles Image. Sie sind die Antithese zur Political Correctness im Straßenverkehr. Sie bahnen sich ihren Weg durch den „Dschungel der Großstadt“ auf eine anarchistische Art und Weise.

Was für andere Verkehrsteilnehmer unüberwindliche Hindernisse darstellt, wird von ihnen in einem akrobatisch anmutenden Zickzack- und Kurvenmodus überwunden, hinter sich gelassen. Sowohl die langsamen Fußgänger als auch die potenziell schnellen Autofahrer, die im Stau stehen, erleben sie meistens als vorbeizischende, vorüberrauschende Mobilitätsobjekte. Erhascht man einen Blick in ihre Gesichter, so sieht man, dass hier Menschen am Werk sind, die ihr Ding mit Eifer und Hingabe machen. Hier haben wir es nicht mit den Hamburger Fahrradpostbeamten zu tun, die im gleichförmigen Rhythmus und mit ausdruckslosen Gesichtern ihre sperrigen Postfahrräder durch die Gegend treten, den Feierabend als den eigentlichen Sinn des Tages immer im Kopf. Fahrradbotenfahrer sind identifiziert mit ihrem Tun, sind Sportler, sind Herausforderer der Ordnung, sind Provokateure der Normalität, sind Repräsentanten eines typischen Teils der österreichischen Jugendlichkeit, die ihr Selbstverständnis nicht aus dem Schutz des Gegebenen, sondern aus dem Überschreiten von Grenzen, dem Brechen von Alltagsregeln und dem Erschließen von neuen Möglichkeiten und Realitäten bezieht.

Bevor diese Überlegungen aber in eine falsche Richtung abgleiten, ist es nun notwendig, den Aspekt des Ökologischen in den Gedankengang miteinzubeziehen. Österreich hat eine ausgesprochen ökologisch denkende und handelnde Jugendgeneration. Fast ein Viertel der jungen Österreicher bekennt sich zu einem ökologischen Lifestyle, der neben ökologischem Konsum, Sensibilität für die Anliegen der Dritten Welt, Engagement für den Klimaschutz und die verbliebene unberührte Natur auch ein hohes Ausmaß an Mitmenschlichkeit und sozialem Verantwortungsgefühl beinhaltet.

Diese ökologische Jugend ist aber nicht mit der langweiligen, moralinsauren, kollektivistisch-uniformen, durch und durch system- und konsumskeptischen und lustfeindlichen Friedensbewegungsgeneration der 80er Jahre zu verwechseln. Die neuen Ökologischen integrieren alte Gegensätze, verbinden die Lust am intensiven Erleben, am politisch unkorrekten Regelbruch, an dem dem Lustgewinn positiv zugewandten Individualismus mit sozialer Verantwortung und ökologischem Bewusstsein.

Der Fahrradbotenfahrer könnte nun die Symbolfigur, der Held dieses neuen Selbstverständnisses, dieses neuartigen Mischtypus werden, vereinigt er doch Verwegenheit, Individualität und Spaß am Regelbruch mit einer alternativen Form der Fortbewegung, die in ihrer Sozial- und Klimaverträglichkeit zukunftsweisend ist. Mit dem Fahrradboten könnte der ökologisch-alternativen Bewegung in Österreich eine Symbolfigur zuwachsen, die in der Lage ist, den alten Gegensatz zwischen individualistisch-erlebnisorientierter und gegenwartsbezogener Grundhaltung (Stichwort Spaßgeneration) und ökologisch verantwortungsgebundenem Denken und Handeln in Übereinstimmung zu bringen, steht der Fahrradbote doch selbst am Schnittpunkt zwischen diesen so gegensätzlichen beiden Welten.

Bernhard Heinzlmaier, Jahrgang 1960, ist Geschäftsführer der „tfactory Markt- und Meinungsforschungs GmbH". Die tfactory ist auf Marktforschung in jungen Zielgruppen (10 bis 40 Jahre) spezialisiert. Heinzlmaier ist darüber hinaus Vorsitzender des Österreichischen Instituts für Jugendkulturforschung und Dozent für angewandte Sozial- und Marktforschung an der Popakademie des Landes Baden-Württemberg in Mannheim.
Im Oktober 2007 erscheint das Buch „Die neuen Vorbilder der Jugend" im G&G Verlag.

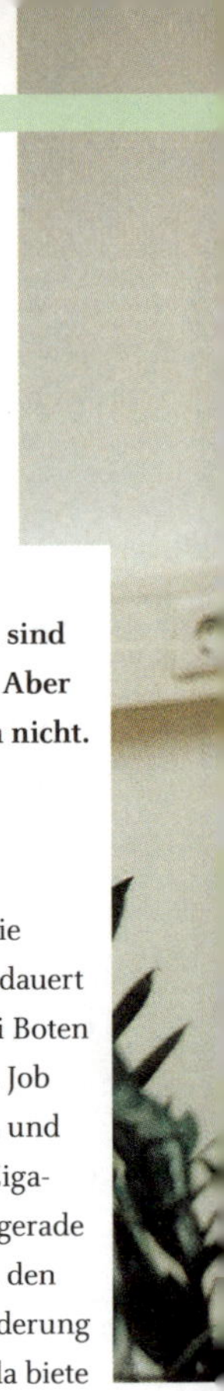

::: GANZ EHRLICH: NUR DAS TEMPO ZÄHLT

Boten treffen im Job öfter auf Frauen als auf Männer. Schließlich sind Sekretariate und Empfangsdesks meist weibliches Hoheitsgebiet. Aber Fahrradboten auf den Knackarsch zu schauen, gehört sich einfach nicht. Denn gaffen tun nur Männer. Oder?

„Manchmal kommt da schon so ein Cola-light-Mann-Feeling auf", schwärmt Frau Stempfer von der Wiener Börse. Fahrradboten hat die Empfangschefin dort mehrmals täglich vor sich stehen. Meistens, bedauert Nina Stempfer, sei der Kontakt zwar sehr kurz, aber zu ein oder zwei Boten habe sie mittlerweile auch ein innigeres Verhältnis: „Ich mache den Job hier seit zehn Jahren, da lernt man sich mit der Zeit einfach kennen und quatscht schon mal miteinander in einer Pause oder teilt sich eine Zigarette. Manche kommen auch ab und zu einfach so vorbei, wenn sie gerade in der Nähe sind." Dass Frau Stempfer eine beliebte Anlaufstelle bei den Boten ist, kommt nicht von ungefähr: „Ich habe schon große Bewunderung für diese Leute. Vor allem im Winter, da tun sie mir fast leid – und da biete ich ihnen immer was Warmes zu trinken an." Zum Ausgleich hat ihr auch schon einmal ein Fahrradbote den Tag gerettet: „Da ist mir mal der Stöckel von meinem Schuh abgebrochen ... ich wusste nicht, wie ich so nach Hause kommen sollte. Oder wie ich überhaupt den Tag überstehen soll. Also hab' ich bei der Grisi (langgediente Veloce-Chef-Receiverin; Anm.) angerufen und dann hat mir ein Bote von zu Hause ein neues Paar Schuhe gebracht." Grisi ist längst eine Privatfreundin von Frau Stempfer: „Das ist schon angenehm, ich ruf an und muss nicht einmal mehr meinen Namen sagen. Es sind ja auch nicht nur die Boten, die das Service machen."

Auch für Frau Wagner, die Empfangschefin der Pharmafirma „Astra Zeneca", ist das Boten-Bestell-Telefonat seit Jahren immer eher ein netter kurzer Plausch. „Die sind alle so freundlich. Da frag' ich auch immer noch, wie es ihnen geht. Das sind alles schon liebe und vertraute Stimmen für mich geworden."

Einmal wollte Sonja Wagner dann endlich wissen, wie denn die Gesichter zu den Stimmen am anderen Ende der Telefonleitung ausschauen. „Vor drei Jahren in der Weihnachtszeit hat es dann endlich geklappt. Da bin ich sie alle besuchen gegangen. Das war super nett – und außerdem

auch interessant." Worauf sie bei den Boten schaut? Frau Wagner wird dienstlich: Klarerweise zuerst auf die Verlässlichkeit. Aber dann muss die Empfangschefin schmunzeln: „Und wie lustig die immer aussehen." Und einer, der ganz besonders schnell da ist, wird von Frau Wagner auch mal mit einem Kaffee belohnt (auch wenn er nicht so „lustig" aussieht): „Wenn es die Zeit erlaubt, dann plauder' ich auch kurz mit ihnen, da kriegt man ein bisschen einen Kontakt zur Außenwelt. Ich sitze ja den ganzen Tag im Büro und würde gar nicht mitbekommen, wie draußen das Wetter ist." Und ein junger „lustiger" Bote bringt schließlich auch immer ein bisserl Sonne in den Alltag. Auch wenn draußen Glatteis ist.

Für Frau Schittenhelm vom internationalen Consulter „Deloitte" ist Seriosität ganz wichtig. Die bunten Outfits, betont die Empfangschefin, stören da nicht, „das ist wenigstens mal was Ausgefalleneres." Wobei, betont Marina Schittenhelm, es natürlich schon darauf ankomme, in welchem Um- und Arbeitsfeld man sich bewegt: „Gescheit und kompetent sollen sie halt sein, aber da habe ich bei Veloce noch nie etwas zu beanstanden gehabt."

Das noch genauere Hinschauen auf – sagen wir einmal – „oberflächliche Qualitäten" verkneift sie sich bei den knackigen Herren in den eng sitzenden Radlerhosen aber mittlerweile. Immerhin hat sie ihren Mädchennamen erst vor kurzem aufgegeben. „Na und außerdem bin ich jetzt aus dem Alter draußen, da gibt's keine Schwärmereien mehr." Aber nicht alle Deloitte-Damen schauen weg, wenn ein Bote durch die Tür schneit. „Da gibt es diese eine Kollegin", Frau Schittenhelm zwinkert, „die einen Veloce-Mann schon sehr attraktiv findet."

„Es sind ja nicht nur die Boten, die das Service machen": Für die Kunden ist Veloce-Chefreceiverin Grisi eine „liebe, vertraute Stimme" – dass sie ihnen oft über Jahre ständig fesche, junge Männer ins Haus schickt, ist nur eine angenehme Nebenwirkung des Fahrradbotenbestellens.

Wie im richtigen Leben? Von wegen! Xaver Hutter spielte in „Tempo" einen Fahrradboten. Kein echter Bote käme je auf die Idee, in Jeansjacke und Baumwollhose zu arbeiten – das coole Aussehen ist in der Echtwelt nämlich nur Nebensache.

::: SO WAS WIE DIE ERSTE LIEBE

1996 setzte der Filmemacher Stefan Ruzowitzky mit „Tempo" Wiens Fahrradboten ein filmisches Denkmal.

Das mit dem Film, sagt Stefan Ruzowitzky, war eigentlich gar nicht geplant. Jedenfalls nicht so, wie es dann kam. Aber eigentlich, meint der Regisseur und Filmemacher, passe sogar das ins Bild: Schließlich habe er ja auch bei seinen Recherchen für Drehbuch & Plot (und in den Jahren danach) kaum je einen Radkurier kennengelernt, bei dem das Botenfahren der erste und einzige Berufswunsch gewesen sei. Viel öfter – und das, so Ruzowitzky, sei daher wohl der Normalfall – sei es doch so, dass da ein junger Mensch auf der Suche nach seinem Traum ist und eben Geld braucht. Und erst unterwegs merkt, dass Botenfahren eben etwas ganz anderes ist als all diese McJobs, mit denen man sich halt so über Wasser hält, das Studium finanziert oder die Kohle für die nächste Reise oder das nächste Stück PC-Technik aufstellt.

Und die Sache mit seinem Fahrradboten, erinnert sich der 1961 geborene, heute in Klosterneuburg bei Wien lebende Filmer, war auch so. Aber der Reihe nach.

Ruzowitzky arbeitete damals, in der zweiten Hälfte der 90er Jahre, eigentlich beim und fürs Fernsehen. Das Handwerk gelernt hatte er als Redakteur der ORF-Jugendsendung X-Large. Das Gestalten schneller, junger Filmchen, die trotz allen Tempos doch noch eine Geschichte erzählen, perfektionierte er dann als Musik- und Werbeclipgestalter im In- und Ausland. Aber eigentlich, erzählt Ruzowitzky, wollte er „schon auch immer echte, große Kinofilme" machen. Doch leider kostet das Geld. Viel Geld. Und wer da in Österreich an die Fördertöpfe kommen will, tut gut daran, nicht nur mit einem überzeugenden Drehbuch vorstellig zu werden, sondern auch gleich große, bekannte oder zumindest etablierte Namen mitzubringen.

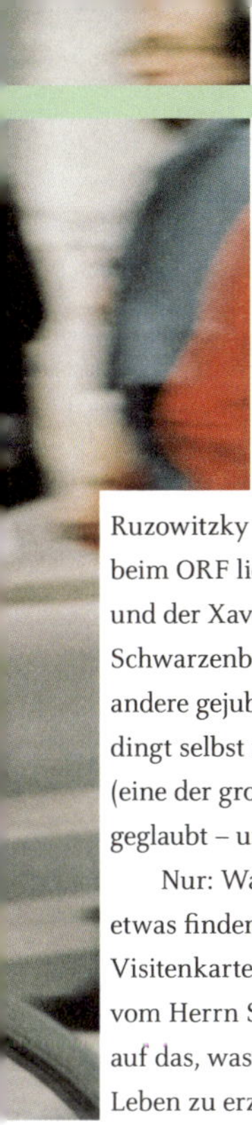

Ruzowitzky aber hatte nur das Drehbuch. „Die Siebtelbauern" hieß es. Und beim ORF ließ man den jungen Filmer wissen: „Sehr schön, nehmen wir – und der Xaver Schwarzenberger soll das Ding umsetzen." Schließlich ist Schwarzenberger einer der Großen in der heimischen Branche. Doch wo andere gejubelt hätten, war Ruzowitzky unglücklich: „Ich wollte das unbedingt selbst machen. Aber zum Glück haben die Leute von der Dor-Film (eine der großen österreichischen Filmproduktionsfirmen, Anm.) an mich geglaubt – und mir geraten, zuerst was anderes zu versuchen."

Nur: Was? Ruzowitzky befand sich in einem Dilemma. „Ich musste etwas finden, was gut klang, mit geringem Budget realisierbar war, eine gute Visitenkarte abgeben würde – und vor allem: trotzdem ganz bestimmt nicht vom Herrn Schwarzenberger gemacht werden könnte." Also besann er sich auf das, was er schon konnte: Geschichten vom jungen, schnellen, urbanen Leben zu erzählen. Ohne viel Inszenierung und Effekthascherei. Dynamisch. Und ohne viel Respekt vor dem, was es schon gab. Oder wovon man sagte: „Das macht man so." Und so kam Ruzowitzky auf die Fahrradboten.

„Tempo" sollte der Film heißen. Und die Geschichte eines Boten erzählen. „Mich hat es immer fasziniert, wie die Boten da in den coolen und schicken Agenturen, Redaktionen und Filmfirmen hereingeschneit sind: Alles war geschniegelt, schick, sauber und fast klinisch bemüht, cool zu wirken – und dann kommen da diese Typen herein. Mit einem Auftreten, einer Lässigkeit und einem Blick, der uns allen gezeigt hat, was wirklich cool ist: Das Styling kam von der Straße, war dem Zweck unterworfen und trotzdem – oder gerade deshalb – das, was in der echten Welt angesagt war. Das war der Kontrast zu der Coolness, die die Kreativen und Büroleute mit Geld und Anstrengung zeigen wollen. Die Kuriere rochen nach Staub, Schweiß und Kettenöl – aber alles das war echt. Und vor allem: Sie hatten immer diesen Blick: Sie scannten alles, äußerten sich zu nichts, machten sich ihr Bild, gehörten zwar nicht dazu, waren aber trotzdem voll dabei."

Und genau die Frage, welches Bild sich der Bote von dem machte, was er da eigentlich transportierte, welche Filme im Kopf da wohl abliefen, wenn man von einem Glaspalast zum nächsten hetzte, faszinierten Ruzowitzky: „Ich bin nie selbst ein Stadtradfahrer gewesen. Das ist nicht meins. Aber der Mythos des Boten hat mich immer fasziniert: Er ist der, der die Botschaft bringt. Egal ob gut oder schlecht. Er sieht Dinge, die in einer Welt passieren, zu der er sonst nie Zutritt hätte. Er übernimmt, was man ihm gibt – und

BOTENECKE:

FUNKNAME: KOTTAN

WIE LANGE BIST DU SCHON BOTE?
DEZEMBER 1990

BESCHREIBE DEIN FAHRRAD:
RENNRAD'L GLOS

WIE VIELE KILOMETER SCHAFFST DU AM TAG?
80 KM

WIESO BIST DU BOTE GEWORDEN?
WAR FRÜHER MAL RADPROFI; HAB SOZUSAGEN DAS HOBBY ZUM JOB GEMACHT

DIE BESTE AUSREDE, WENN DICH EIN POLIZIST BEI IRGENDWAS ERWISCHT?
SEIT 7(!) JAHREN NICHT ERWISCHT WORDEN

WELCHE VERKEHRSREGEL WÜRDEST DU WIRKLICH NIE ÜBERTRETEN?
VORRANGREGEL BEI STRASSEN WIE GÜRTEL ETC. NICHT BEACHTEN

DEIN SCHÖNSTES/SELTSAMSTES TRANSPORTSTÜCK ODER DEIN SELTSAMSTER AUFTRAG/FAHRTBERICHT?
BLUMENSTRAUSS FÜR DAGMAR KOLLER MIT BUSSI!!!
TIEFGEFRORENEN TOTEN HUND AN LABOR GELIEFERT

WOZU TAUGEN AUTOS IN DER STADT?
ZU AUTOS FÄLLT MIR NICHT ALLZU VIEL EIN

liefert es ab. Und der Empfänger muss etwas daraus oder damit machen. Das ist ein bisschen ja auch das, was ich als Journalist und Redakteur gemacht hatte." Viel Material, erinnert sich der Austro-TV-Mann, gab es auch damals noch nicht: ein paar amerikanische TV-Dokus, die aber im Wesentlichen das unterstrichen, was Ruzowitzky selbst schon gespürt hatte. „Allerdings war da die Inszenierung als wilde Helden in der Großstadt noch deutlicher zu sehen als in Wien." Schon allein wegen der Dimensionen der Akteure: die Stadt und ihre Wolkenkratzer – und der Bote auf seinem Rad. Da konnte, bei aller Liebe, Wien weder optisch noch emotional mithalten.

„Tempo" wurde dennoch ein schneller, junger und rasanter Film. Aus der Hand (also meist ohne aufwändige Aufbauarbeiten und Kamera-Positionen) gedreht und „fast wie eine Doku: Man ließ Dinge geschehen und gab nur eine ungefähre Linie zu den einzelnen Szenen vor. Ruzowitzky setzte mit seinem – vergleichsweise – minimalen Budget von neun Millionen Schilling (rund 65.000 Euro) damit aber dennoch einen Meilenstein. Und auch wenn der Regisseur heute, fast zwölf Jahre später, schmunzelnd eingesteht, „dass es da doch einige dramaturgische Schwächen" gegeben habe, ist er auch heute noch stolz auf „Tempo". Auch, weil der Film vermutlich das einzige Dokument ist, das auch die erste Hochblüte der Techno-, Ecstasy- und Clubkultur im Wien der 90er Jahre bildhaft einfängt.

In den heute zu Shopping- und Konzerthallen sterilisierten Gasometern etwa wurden damals Feste gefeiert, deren Intensität Partymacher bis heute zu kopieren versuchen. Vergebens. Und auch die Aufbruchstimmung der jüngeren Generation einer Stadt, die plötzlich bemerkt, dass sie nicht mehr am Rand, in der Sackgasse eines geteilten Europas sitzt, sondern irgendwie mittendrin ist, wurde erstmals in „Tempo" ins Kino transportiert. „Ich wollte einen Film über die Stadt drehen, in der ich lebe. Und zwar so, wie ich sie erlebe", erinnert sich der Regisseur, „also nicht diese provinziellen Hausmeister-Klischees und die Dillo-Vorstadt-Figuren perpetuieren, die immer noch das Klischee von Wien-Filmen prägen, wenn nicht Sisi das Thema ist." Und ein bisserl, meint Ruzowitzky stolz, sei ihm das wohl auch gelungen: „Lustig, dass das gerade jetzt passiert ist: Eine amerikanische Bekannte, die mittlerweile in einem großen deutschen Filmverleih arbeitet, hat mir kürzlich gemailt, dass sie vor kurzem zufällig über „Tempo" gestolpert sei – und zum ersten Mal das Gefühl vermittelt bekommen habe, dass diese Stadt doch auch lebendig und dynamisch

ist – eben mehr als Strauß und Sisi." Ob der Film damals, 1996, ein Erfolg war? Ruzowitzky wiegt den Kopf hin und her. Etwa zur gleichen Zeit kamen Blockbuster wie Roland Emmerichs „Independence Day" in die Kinos – da konnte „Tempo" nicht mithalten.

Aber Erfolg ist eben mehr als die Zahl verkaufter Tickets. „Tempo" wurde etwa mit dem „Max Ophüls-Preis" prämiert. Und nach „Tempo" ließ man Ruzowitzky seine „Siebtelbauern" verfilmen. Der Film wurde im In- und Ausland gelobt, gefeiert, und ausgezeichnet (unter anderem mit dem Preis als bester Film des Rotterdamer Filmfestivals 1998 und dem Preis des Filmfestivals Flandern, ebenfalls 1998). Seither kann und darf Ruzowitzky drehen, wie und was er will – zuletzt „Die Fälscher" (2006), ebenfalls auch international hochgelobt und ausgezeichnet – unter anderem wurde der Film für den „Goldenen Bären" bei der Berlinale nominiert. „Aber ‚Tempo'", resümiert Ruzowitzky, „war mein Gesellenstück. Der erste Schritt zum Erwachsenwerden. Und so etwas wie die erste große Liebe. Ja, ich denke voller Liebe und Zärtlichkeit zurück an diesen Film."

Tempo – der Film

Der 18-jährige Jojo rast als Fahrradbote durch die Straßen Wiens. Er ist auf der Suche. Nach Spaß, Liebe und vor allem: guten Partys. Als Bote träumt er sich Geschichten zu seinen Kunden und Kurierstücken zusammen, stolpert aber dann in ein Abenteuer, das ganz anders verläuft als seine romantisch-blutrünstigen Tagträume.

„Tempo" ist Titel und Programm, sowohl was die Umsetzung der rasanten Botenfahrten als auch was die Person des Fahrers angeht. Der 18-Jährige wird als typischer Vertreter der Generation „Alles, und zwar sofort" gezeichnet. Er liebt den schnellen Beat der (Mitte der 90er gerade groß werdenden) Techno-Musik, die ihm auch den Beat zu seinen überbordenden Fantasien liefert. Blitzschnell spinnt er sich ausgeflippte Geschichten zu seinen alltäglichen Botenaufträgen zurecht, bis er Fantasie und Wirklichkeit nicht mehr zu trennen vermag und in eine handfeste Crime-Story um Dealer, Drogen und minderjährige Abhängige gerät.

DARSTELLER: XAVER HUTTER, NICOLETTE KREBITZ, DANI LEVY, SIMON SCHWARZ, MICHOU FRIESZ, KRISTA STADLER, DORIS SCHRETZMAYER
MUSIK: PETER KRUDER, PATRICK PULSINGER, ERDEM TUNAKAN U.A.

::: SIND FAHRRADBOTEN RAD-PROFIS?

Der ehemalige Radrenn-Profi Gerhard Zadrobilek tut sich schwer: Nach 15 Jahren als Rad-Profi ist der Begriff „Profiradler" in seiner DNS fix mit dem Sport verbunden. Respekt und Hochachtung hat er aber trotzdem.

Heute macht Gerhard Zadrobilek andere Dinge. Unter anderem züchtet er Rinder. Edelrinder aus Japan. Und wenn sich Zadrobilek aufs Rad setzt, dann zur Erholung. Weil, betont der 1961 geborene Niederösterreicher, Radfahren Naturerlebnis ist. Darum tue er sich auch schwer, den Reiz des Fahrradbotenfahrens zu sehen – ohne die Leistungen der urbanen Zusteller schmälern zu wollen. Aber vor allem, so Zadrobilek, tue er sich schwer, Boten „Radprofis" zu nennen: „Auf die Gefahr hin, Leute zu verärgern: Auch ein Briefträger am Land fährt jedes Jahr tausende Kilometer am Rad – und ist kein Radprofi." Das liegt auch an Zadrobileks Zugang. Schließlich war er 15 Jahre Fahrradprofi. Einer der „Echten": 1981 wurde er (mit 19) der bis heute jüngste Sieger der Österreich-Rundfahrt. Danach kamen 14 Jahre im Profizirkus – 1987 wurde er bei der Tour de France 14., wechselte später zu den Mountainbikern und war der Erste, der auf der Straße und im Gelände Weltcuprennen gewonnen hat.

„Fahrradboten sind verdammt schnell", attestiert der Ex-Rennfahrer, „und ihre Fahrweise nötigt mir allerhöchsten Respekt ab." Trotzdem sträubt er sich gegen den Begriff „Profi". Obwohl der Rennfahrer zugibt, dass es Parallelen gibt: „Das ist bis heute so: Ich fürchte mich im Verkehr weniger als auf dem Radweg. Weil es im Verkehr und im Rennbetrieb klare Gegner gibt – man weiß, was die tun. Wichtiger: Die wissen es auch. Aber auf Radwegen sind Leute unterwegs, die unberechenbar sind." Was Pulk-Fahrer und Boten noch gemeinsam haben? „Reaktionszeiten, die an Instinkte erinnern." Aber auch wenn das klingt, als würde „keine Profis" bröckeln, macht das für Zadrobilek noch keinen Radprofi: „Das ist für mich einer, der 35.000 Kilometer nach Trainingsplänen fährt." Und Boten fahren anders: Kurze, schnelle Strecken. Nicht lange, quälende, eintönige Stunden. Aber, weiß der Ex-Rennfahrer, Hobbyradler sind Boten auch nicht: Versierte Freizeitradfahrer fahren 5.000, manchmal 10.000 Kilometer im Jahr – darüber können Fahrradboten nur lachen. Zadrobilek gibt sich einen Ruck: „Wenn ich mir anschaue, wie die oft konditionell und technisch beinand sind, und mir ihre Kilometerleistungen ausrechne, muss ich sagen: Hut ab. Viele könnten bei Amateurrennen gut mithalten. Aber ein Profi ist halt doch was anderes." Aber da muss der Ex-Profi dann selbst schmunzeln.

FUNKNAME: LOOP

WIE LANGE BIST DU SCHON BOTE?
SEIT JÄNNER 2007

BESCHREIBE DEIN FAHRRAD:
TREU, ABER ALT (UND SEHR REPARATURFÄLLIG)

WIE VIELE KILOMETER SCHAFFST DU AM TAG?
DAS MEISTE WAREN 90; SONST EHER 60–70

WIESO BIST DU BOTE GEWORDEN?
SPORTLICH INTERESSANT, RELATIV FREIE ZEITEINTEILUNG, LÄSSIGER JOB

DIE BESTE AUSREDE, WENN DICH EIN POLIZIST BEI IRGENDWAS ERWISCHT?
MI DISPIACE, MA NON PARLO TEDESCO ...

WELCHE VERKEHRSREGEL WÜRDEST DU WIRKLICH NIE ÜBERTRETEN?
GUTE FRAGE

DEIN SCHÖNSTES/SELTSAMSTES TRANSPORTSTÜCK ODER DEIN SELTSAMSTER AUFTRAG/FAHRTBERICHT?
EINE BRILLE, DIE ICH EINER FRISÖRIN NACHBRINGEN MUSSTE

WOZU TAUGEN AUTOS IN DER STADT?
FÜR KRANKEN- UND SCHWERTRANSPORTE

::: DIE WAHL DER WAFFEN

Zeig mir dein Fahrrad – und ich sag dir, wer du bist.

Eines wurmt Paul Brandstätter ja bis heute. Auch wenn er das nicht so gern zugibt. Schließlich lernt man ja aus Fehlern. Und die Sache mit den Firmenrädern war eine solche, wichtige, Lektion. Das gibt der Veloce-Gründer gerne zu. Nur dass ihn das immer noch ein bisserl ärgert, eben nicht. Denn: Zur Gründungszeit hätte Brandstätter & Co das Geld, das man da für „Diensträder" ausgegeben hat, auch dringend für andere Dinge gebraucht. So ziemlich für alles eben. Aber damals, 1987, war in gewisser Hinsicht eben noch Fahrrad-Steinzeit: Sicher, aus den USA spülte es die ersten bulligen Mountainbikes an die Gestade der europäischen Städte. Aber das Gros der heimischen Räder sah aus wie aus dem Heimatfilm: nett, um am Campingplatz Milch holen zu fahren – aber sonst für kaum etwas zu gebrauchen. Und in Wien war – auch wenn das heute unglaublich klingt – Kopfsteinpflaster der häufigste Straßenbelag: Womit sollten die ersten Boten also fahren?

Brandstätter ging also einkaufen. Und kaufte Citybikes. Voll ausgerüstete Boliden. Mit Kotflügeln, Gepäckträger, großer Lichtanlage und allem Drum & Dran. Und natürlich mit Stollenreifen. Außerdem noch mit Gepäckkoffern an der Seite. „Sauschwer waren die Dinger", erinnert sich Brandstätter, lenkt aber ein: „Aber es gab eben nix anderes."

Um der Welt zu zeigen, dass man es hier mit kühnen Fahrradboten zu tun hatte, wurde zwischen Ober- und Unterrohr noch eine Platte montiert. Auf der standen der Firmenname und die erste Veloce-Telefonnummer. Toll – vor allem bei böigem Seitenwind. Niemand mochte diese Räder. Jedenfalls keiner jener Leute, die bei Veloce als Fahrer eine echte Chance hatten. Aber um die Spreu vom Weizen zu trennen, seufzt Brandstätter heute noch, waren die drei 20-Kilo-Boliden dann eben doch ein bisserl teuer. Trotzdem war die Lektion wichtig: „Wir haben sehr schnell gemerkt, dass echte Boten ihre eigenen Räder verwenden. Erstens, weil einer, der in der Stadt fährt, sein eigenes Rad hat. Das ist die Grundausstattung. Und auf die passt man auch auf. Und – da komme ich zu zweitens – die Leute, die die Veloce-Räder genommen haben, haben Unfälle gebaut. Entweder, weil sie nicht fahren konnten – oder weil ihnen alles wurscht war. Weil sie Kamikaze waren." Die Frage nach dem eigenen Rad wurde dann auch bald mit ein Auswahlkriterium für die erste Botengeneration.

Und solange es noch „Firmenräder“ gab, bekamen die „Selbstfahrer“ eine höhere Umsatzbeteiligung: 60 statt 50 Prozent. „Das war der Lackmustest – wer für diese Option war, hat den Job bekommen – und ist geblieben.“ Wobei es Brandstätter ziemlich egal war, womit genau die Fahrer fuhren. Die meisten saßen ohnehin auf Mountainbikes, einige auf Waffenrädern. Und ganz wenige auf Rennrädern: Die waren zwar deutlich schneller, hatten aber auch mehr Pannen. Rennräder waren damals schicke, aber fragile Geräte. Die Reifen wurden auf die Felge geklebt – und gaben oft schon beim bloßen Gedanken an eine Kante den Geist auf.

In den ersten Jahren griff Veloce deshalb seinen Fahrern auch noch mit eigenem Werkzeug und einem eigenen Reparaturraum unter die Arme – aber, blickt Brandstätter zurück, „das war auch so eine gut gemeinte, aber irrige Sache: Gute Radfahrer haben ihr eigenes Werkzeug. Und pflegen ihre Räder so, dass sie kaum je Pannen haben. Und die schlechten und schlampigen Leute können mit Werkzeug nicht umgehen, stecken es ein oder machen es kaputt. Das war eine Endlosstory. Drum haben wir das dann auch wieder bleiben lassen.“ Über die Jahre wurde das Material dann auch sukzessive besser. Rahmen, Räder und Komponenten wurden leichter und dennoch leistungsfähiger. Und die Pannenquote sank deutlich. Obwohl das auch und vor allem an den Fahrern lag, ist Brandstätter bis heute überzeugt: „Der echte Profi kriegt keinen Patschen. Oder halt nur ganz selten: Wer dreimal im Jahr einen Patschen hat, der hat den falschen Mantel. Oder er hat Dreck zwischen Schlauch und Mantel. Einmal kann passieren – aber dreimal? Da sollte man sich überlegen, was man falsch macht. Das ist zuerst eine Frage der Aufmerksamkeit und dann eine des Materials. Auch das war etwas, was wir gelernt haben.“ Dass das Bild vom Fahrradboten auch heute noch meist das eines wilden Hundes am Mounty ist, stammt auch aus diesen wilden Gründerjahren: Wer heute in der Stadt mehr schnell als cool unterwegs sein will, sitzt nämlich auf einem Rennrad. Oder auf einem Rennrad-Hybrid: „Es ist ein Faktum, dass die Leute auf Rennrädern mehr verdienen als die, die auf Mountainbikes sitzen. Einfach, weil sie flotter sind. Und mittlerweile gibt es auch ordentliche Crossmäntel und gutes, haltbares Reifenmaterial. Das ist also kein Problem mehr.“ Das Gegenargument kennt Brandstätter natürlich auch: Wien ist eine Straßenbahnstadt. Und wer einmal mit Rennreifen in die Schienen der Bim hineingeraten ist, steigt am ersten Tag, an dem er wieder Rad fahren kann, mit ziemlicher Sicherheit auf das Gerät mit

den breitestmöglichen Reifen. Nur: So breit wie eine Weiche sind gerade einmal Motorradreifen – und wer sich auf einem regennassen Kanaldeckel in die Kurve wirft, dem fliegt sein MTB genauso um die Ohren wie zuvor der Straßenrenner. Für Brandstätter ist das Rennen deswegen längst entschieden: „In der Stadt ist heute das Rennrad die erste Wahl."

::: „STIEGENGELÄNDER AUF RÄDERN"

Die Fahrradmechanikerin Gaffi weiß, was Botenräder aushalten müssen – und wann sie den Geist aufgeben. Auch aus eigener Erfahrung: Gaffi fuhr früher selbst als Botin.

Wenn man Gaffi fragt, wie das für eine Frau so ist, wenn sie sich beim Arbeiten die Finger schmutzig macht, dann bekommt man nicht einmal einen mitleidigen Blick. Weil Gaffi sich auf derartige Debatten nicht einlässt. Schon längst nicht mehr. Vermutlich ja sogar schon seit eh und je – aber so genau sagt sie das nicht. Einfach, weil es kein Thema ist. Und die Fahrradmechanikerin über die Dinge, die für sie kein Thema sind, einfach nicht redet. Weil solche Dinge sind, wie sie sind. Und dazu gehört auch ihr Name: „Gaffi, einfach nur Gaffi."

Natürlich hat die Mechanikerin auch einen echten Namen. Aber vermutlich weiß den ohne nachzuschauen nur die Buchhaltung von Ciclopia, dem Wiener Radladen, in dem Gaffi die – sagt zumindest die Homepage – „unumschränkte Herrscherin der Werkstatt" ist. Dafür weiß jeder dort sehr genau, was Gaffi macht – und was sie früher gemacht hat: Heute schraubt sie Fahrräder zusammen. Früher hat sie das auch getan – und noch ein bisserl früher war sie Fahrradbotin: „Verantwortungsbereich: Werkstatt", liest man auf der Ciclopia-Seite über die Mechanikerin, „Leidenschaft: Puls 200. Albtraum: Holland-Rad mit vernähten Kettenkästen."

1988 aber, also ziemlich am Anfang von Veloce, war Gaffi Botin. „Ich bin da über einen Freund und Schulkollegen reingerutscht. Das war eine ziemlich gute Idee: Ich konnte Geld verdienen und dabei Rad fahren. Am Anfang war das einfach nur einer der Jobs, mit denen ich mir halt das Leben finanziert habe. Und nebenbei habe ich noch studiert. Aber das war auch damals schon eher alibimäßig." Das mit dem Alibi, weiß Gaffi, ist bei manchen Studenten ja heute noch so. Aber das mit dem Radfahren hat sich doch deutlich gewandelt: Die späten 80er Jahre waren eben so was wie eine Pionierzeit. Man war am Fahrrad ein Exot. Erst recht als Bote: „Es fuhr einfach kein Mensch Rad. Deshalb konnte da nur fahren, wer sich auch auf dem Rad gegen andere im Verkehr durchsetzen konnte." Und da, erinnert sich die Monteurin in der Radwerkstatt, hatte man es nicht bloß mit Unachtsamkeiten zu tun: „Zum einen war halt keiner gewohnt, dass da auch Radfahrer kommen können – aber es war auch einfach bösartig. Vor allem Taxler haben uns als Konkurrenz gesehen und uns das auch spüren lassen. Das war nicht immer lustig." – Aber das, betont Gaffi, war „sicher nicht" der Grund, von der Straße in die Werkstatt zu wechseln: „Ich komme ja ursprünglich aus der Schraubecke. Vom Motorsport. Ich habe mein ganzes Leben lang an Motorrädern geschraubt – und durch das Fahrradbotenfahren habe ich dann eben begonnen, auch an Fahrrädern zu schrauben. Das war ein schleichender Prozess."

Oder eben ein Beispiel für jene Entwicklung, die man schlicht „Spezialisierung" nennt: Gaffi fuhr – und reparierte oder optimierte ihr Rad. Und als andere Boten sahen, dass sie sich da deutlich leichter tat als die meisten anderen Fahrer, bat man sie mal hier und mal dort um Tipps, Hilfe oder einen Gefallen. Und Ende der 80er Jahre, erinnert sich Gaffi, waren Botenräder ohnehin meist rollende Baustellen. Aber das lag nicht an den Boten. Nicht nur. „Das war die Anfangszeit der Mountainbikes in Österreich. Und es war so, als gäbe es gar keine Fahrräder. Sicher: Das Fahrrad ist nicht in den 80ern erfunden worden – aber es gab einfach keine vernünftigen Räder. Radfahren war wie ausgestorben: Die Leute hatten Geld – und kauften Autos. Fahrräder waren was für arme Leute – und das wollte keiner sein. Was an alten Fahrrädern da noch existierte, war Schrott. Klappergestelle."

Aber ach, die ersten MTBs waren – im Vergleich zu heute – nicht das Gelbe vom Ei: „Stiegengeländer" nennt Gaffi all das, was da zwar robust, aber tonnenschwer auf zwei Räder gestellt wurde. Und Achsen, Ketten, Bremsen und Tretlager waren von dem, was heute jeder Billig-Bock im Ausverkauf kann, meilenweit entfernt: „Das Zeug hat diese intensive Benutzung nicht ausgehalten. Wenn du ein Mounty täglich 80 Kilometer durch die Stadt geprügelt hast, hat es das einfach nicht ausgehalten." Und neben Ketten und Kurbelgarnituren waren es vor allem die Hinterradnaben, die sich binnen kürzester Zeit verabschiedeten. „So viel verdienst du beim Botenfahren ja auch nicht – darum versuchst du, so viel wie möglich selbst zu reparieren. Und plötzlich war Schrauben halt mein Beruf." Vorher – und auch als sie schon bei Ciclopia arbeitete – fuhr Gaffi aber tausende Kilometer als Botin.

Und wenn sie da an das Material denkt, muss sie grinsen: Waffenräder – weil die so schön robust waren. „Es ging einzig und allein um Stabilität. Damit dir das Ding nicht jeden zweiten Tag niederbricht. Gewicht, Gänge oder Straßenlage waren zweitrangig. Der Trend zu Mountys mit Slicks oder jetzt dann zu Rennrädern hat erst vor zehn Jahren eingesetzt – weil da plötzlich auch Hardware da war, die ausgehalten hat, was wir gebraucht haben."

Und ganz unschuldig, gibt die Ex-Botin zu, seien sie und ihre Kollegen daran vielleicht ja wirklich nicht: Immer wieder gaben die ersten „echten" Fahrradhändler den Boten neue Teile zum Testen – wenn es die Profis nicht (im Wortsinn) kaputttreten konnten, war das Ding wohl unkaputtbar. „Ich selbst habe Hinterradnaben en masse vernichtet. Bis mir die von der Cooperative einmal eine zum Testen gegeben haben – die habe nicht einmal ich kaputtgekriegt." Daran, so die Mechanikerin, habe sich aber bis heute nichts geändert: Boten sind immer noch die beste Testgruppe, die man auf im urbanen Raum gefahrene Räder loslassen kann. Aber das liege nicht ausschließlich am fahrenden Personal, sondern auch an den Rahmenbedingungen: „Klar, auch Studenten und andere Leute fahren gerne ein bisserl wild. Aber das kannst du nicht vergleichen. Weil es auf die Gesamtkilometer ankommt – und die Bedingungen, unter denen sie gefahren werden: Wenn es hagelt oder Eis regnet, steigt jeder vernünftige Mensch in die U-Bahn. Und denkt nicht einmal daran, sich im Wald auszutoben. Aber Botenräder müssen da durch. Einen härteren Test als Salz, Frost, Wasser und Wind gibt es für kein Lager und kein Rad."

Gaffi repariert bis heute Räder von Kollegen. Auch wenn die oft gar nicht wissen, dass die Frau mit dem ölverschmierten Kittel früher selbst mit Rucksack unterwegs war. Botenräder, meint sie, erkenne sie sofort: „Die Dinger werden zusammengefahren, bis nix mehr übrig ist. Bis sie auseinanderfallen." Und bei der „typischen" Botenbelastung sei das eben immer nur eine Frage der Zeit. Auch wenn man da „schon sehr viel tun kann, um das Leben des Rades zu verlängern: Hohe Laufleistung heißt hoher Pflegeaufwand – aber das heißt wiederum hoher Zeitaufwand. Die haben viele Leute aber nicht. Klar: Auskennen sollte man sich schon auch. Und das wird immer schwieriger, weil ein Fahrrad heute ein Hightech-Produkt ist." Heute ist Gaffi dann manchmal fast ein bisserl neidig, wenn sie sich durch das immer breitere und immer speziellere Sortiment von Rädern und Komponenten wühlt:

BOTENECKE:

FUNKNAME: MIRACULIX

WIE LANGE BIST DU SCHON BOTE?
MAI 2004

BESCHREIBE DEIN FAHRRAD:
JUNG, WILD, SCHÖN, SCHNELL

WIE VIELE KILOMETER SCHAFFST DU AM TAG?
MEHR ALS FÜNF

WIESO BIST DU BOTE GEWORDEN?
SCHON ZU LANGE HER, KEINE AHNUNG MEHR

DIE BESTE AUSREDE, WENN DICH EIN POLIZIST BEI IRGENDWAS ERWISCHT?
ICH WERDE NICHT ERWISCHT

WELCHE VERKEHRSREGEL WÜRDEST DU WIRKLICH NIE ÜBERTRETEN?
KEINE

DEIN SCHÖNSTES/SELTSAMSTES TRANSPORTSTÜCK ODER DEIN SELTSAMSTER AUFTRAG/FAHRTBERICHT:
PISTOLE

WOZU TAUGEN AUTOS IN DER STADT?
AUTOBOTEN NEHMEN MIR DIE SCHWEREN PACKERLN AB

Rennräder in der Stadt wären vor 15 Jahren noch undenkbar gewesen – weil Reifen und Felgen schon nach der ersten nicht sauber genommenen Gehsteigkante „baba" gesagt hätten. Und während Gaffi deshalb früher die Frage nach dem „richtigen" Botenrad, das aber genau deshalb ja auch für normale Stadtradler ganz brauchbar sein könnte, wohl mit „robust" beantwortet hätte, tut sie sich da heute schwerer: „Da gibt es keine allgemeine Antwort mehr. Wichtig ist ein guter Rahmen. Verzichtbar ist eine gefederte Gabel. Und wer im Kaufhaus ein Stiegengeländer mit XT-Schaltgruppe kauft, das sonst nix kann und nur 300 Euro kostet, kauft genau das falsche Material. Der braucht danach viel Zeit und Geld – so was ist eine Sparbüchse, wenn man es wirklich benutzen will. Weil solche Räder nicht gescheit funktionieren. Wer ein Rad will, das er ernsthaft als Alltagsfahrzeug nutzt, sollte ein bisserl mehr ausgeben – und sich ausführlich beraten lassen. Von Leuten, die wissen, worauf es ankommt, und die genau fragen, was man mit dem Rad eigentlich tun möchte. Auch wenn das Zeit kostet."

Manche Räder, räumt Gaffi ein, seien aber für Otto Normalverbraucher und Anna Durchschnitt nur sehr begrenzt zu empfehlen. Obwohl da schon bei der Erwähnung des Gerätes die Augen der Ex-Botin zu leuchten beginnen: „Fixies" – also Räder mit starrer Übersetzung, sind in der Szene derzeit der letzte Schrei. Weil sie „die Essenz des Radfahrens darstellen: Weniger geht nicht – und mehr braucht man nicht. Die Räder sind praktisch wartungsfrei. Die Kette hält ewig. Es gibt keine Schaltung, die justiert werden muss, keine Ritzeln, nix. Und das Fahren mit starrer Übersetzung ist einfach geil – wenn du die Technik draufhast. Und wenn du eine Vorderbremse hast, ist sogar der StVO Genüge getan." Aber danach, so die Mechanikerin, ist sie eigentlich noch nie gefragt worden. Zumindest nicht von Fahrradboten.

Manchmal – wenn auch nur alle zwei Jahre für einen Tag – steigt Gaffi auch heute noch aufs Botenrad. Nicht wegen des Geldes – nur wegen des Feelings. „Weil man das mit normalem Radfahren nicht vergleichen kann." Der Kick, erklärt sie, ist dabei gar nicht das Tempo. „Als Bote fährst du vor allem mit dem Kopf. Die Herausforderung ist dabei nicht der Speed, sondern die Koordination. Es bringt überhaupt nix, wenn du über jede rote Ampel braust – und dann erst nicht weißt, wo du als nächstes hin sollst: Es geht um Effizienz. Du musst mit der Stadt und ihrem Aufbau vertraut sein und wissen, wie sie funktioniert."

::: DER GELBE SACK

Ob Rucksack oder Seitentasche ist eine Frage des Gewichts – aber cooler ist die Botentasche natürlich schon.

Es gibt Dinge, von denen kann sich heute keiner mehr vorstellen, dass sie einmal eine echte Frage gewesen sein könnten. Und bevor wir da ins Weltbewegend-Grundsätzliche kommen, bleiben wir lieber einfach bei den Boten: Fahrradboten haben heute auf der ganzen Welt entweder Rucksäcke oder Hüfttaschen umgeschnallt. Punkt.

Aber bei den ersten – hier bereits besprochenen – „Diensträdern" waren links und rechts schmucke und sperrige Koffer montiert. „Es gab eben keine Vorbilder", erklärt Paul Brandstätter dazu.

Und weil es die nicht gab, konnte man auch nicht auf die Erfahrungen von Vorgängern oder Mitbewerbern zurückgreifen. Und deshalb ist Brandstätter im Rückblick auch froh, dass er es selbst war, der einmal für einen Kosmetikkonzern einen Tiegel voll rotem Puder in Empfang nahm – und in seinen kleinen Koffer legte. Zu ein paar Schriftstücken und Briefen.

Wien war damals etwas holpriger als heute. Und der Tiegel konnte sich im Koffer frei bewegen. Vor lauter Freude über das ungewohnte Gehüpfe warf das Ding nach ein paar hundert Metern seinen Deckel ab – und verbrachte den Rest der Fahrzeit damit, den (hermetisch verschlossenen) Koffer innen ordentlich einzustäuben. „Das war wie ein Alarmpaket bei einem Bankraub", erinnert sich Brandstätter – und hatte wieder etwas gelernt: Die

Koffer waren wohl wirklich nicht das Wahre. Am nächsten Tag schnallte er sich deshalb seinen Bergsteigerrucksack um. Der war wasserfest – wenn auch als Packtasche nicht groß genug. Aber herumhüpfen konnte darin schon einmal kaum mehr etwas.

Freilich: Das Transportgut-Problem war damit noch nicht gelöst. Schließlich hatte der Botendienst gerade in seinen Anfangszeiten mit zwei Vorurteilen zu kämpfen: Viele Kunden glaubten nicht, dass es möglich sei, am Fahrrad bei Regen und Schnee Dinge so zu transportieren, dass sie nicht nass würden. Und außerdem gab es Zweifel, ob das Ladegut nicht zerknüllt oder zerbeult ankommen würde. „Wir haben uns also auf die Suche nach einem absolut wasserdichten Ding gemacht, das groß und stabil genug ist, auch größere Kuverts knickfrei zu transportieren." Heute klingt das völlig banal – aber Marken wie Ortlieb oder Bree (um nur zwei von vielen am Markt zu nennen) gab es Ende der 80er Jahre noch nicht. Und auch die Schweizer Brüder Freitag hatten noch keinen Gedanken daran verschwendet, aus alten LKW-Planen Taschen zu basteln. Davon, Plastikbahnen zusammenzuschweißen, hatte in Wien damals überhaupt noch niemand gehört.

Zumindest niemand, der mit dem Transportgewerbe etwas zu tun hatte: Über ein paar Zufälle kamen die Veloce-Gründer dann nämlich auf eine kleine Firma im neunten Bezirk. Die Firma hieß Schultes. Sie war auf Theaterkulissen, dünne Planen und aufblasbares Plastikzeugs spezialisiert. Man klebte und schweißte Plastik luftdicht zusammen. Und da dort, wo keine Luft durchgeht, auch Wasser und Staub draußen bleiben müssen, lag bald der erste Prototyp des heute legendären gelben Rucksacks vor Brandstätter. Auch die Maße waren schon damals klar: Es galt, ein A3-Kuvert ungeknickt unterzubringen – und bis heute definiert deshalb die Ansage „20–40–60" die Maße des klassischen Botenrucksacks. „Heute gibt es da viele Hersteller – aber damals waren das lauter Einzelanfertigungen."

Aber die Farbe? Die vier Veloce-Gründer stach der Hafer: „Wir hatten den ersten Winter überstanden und es gab uns immer noch – da beschlossen wir, dass man uns in der Stadt einfach nicht mehr übersehen dürfe. So wie die Yellow Cabs für New York stehen, sollten die Fahrradboten ein unübersehbares Zeichen im Straßenverkehr werden", erklärt Brandstätter. Außerdem – und einfach nur praktisch gedacht – sollte der Rucksack ein Sicherheitselement sein. Also wurde er gelb. Knallgelb. Neongelb. Leuchtgelb. „Wir haben gesagt: Bei trübem Wetter muss der schreien."

Dass der Sack wasserdicht ist, bekamen die Kunden dann rasch mit. Und auch, dass das Transportgut sicher unterwegs war. Schließlich stehen Begriffe wie „unsicher" und „stehlen" mit großen Buchstaben auf jedem an die Hauswand gelehnten Fahrrad. Aber der Rucksack, lernte die Stadt, der war sicher: Er war immer am Boten. Ein gelber Sack am Rad ohne Fahrer war – und ist – ein absolutes „No-no".

So gesehen, schaut Brandstätter zurück, war es geradezu ein Segen, dass ihm da einst der Pudertopf im Koffer aufging. Denn andere Botendienste – etwa die Radkuriere aus München – fuhren lange mit Gepäckkoffern und Packtaschen. Mit allen Nebenwirkungen und allen Begleitgeräuschen.

Aber München lernte von Wien. So wie auch fast alle anderen Radkuriere: Heute fährt praktisch kein Fahrradbote mehr mit Packtaschen – lediglich an der Frage „Rucksack oder Botentasche" scheiden sich die Geister. Für Brandstätter ist bis heute der Rucksack das Behältnis der ersten Wahl. „Großflächige Dinge kann ich nur im Rucksack ungeknickt transportieren. In einer Seitentasche habe ich keine plane Fläche." Außerdem sei eine schräg über den Rücken gezogene Tasche zwar ohne Zweifel cooler – aber im Verkehr eben auch unsicherer: Sie kann verrutschen. Und sobald man das durch einen zweiten Riemen verhindere, verliere die Tasche ihren coolen „Hang loose"-Charakter – und werde zu einem Rucksack mit einem Nachteil, meint Brandstätter: Das Gewicht liegt nur auf einer Schulter. Freilich ist das nur dann ein echter Nachteil, wenn man auch schweres Zeug transportiert. Mit ein paar Disketten und drei Kuverts im Sack rutscht nämlich auch eine Seitentasche nicht vom Rücken. Und im Gegensatz zu den britischen und amerikanischen Boten wird in Wien eben mitunter auch „echtes" Transportgut per Rad transportiert.

Aber – Hand aufs Herz – daran, dass Wien in Sachen urbanes Trendsetting mit New York mithalten kann, glauben wohl nicht einmal die patriotischsten Touristiker. Und so ist es auch kein Wunder, dass in Wien (und in den meisten deutschen Städten) die Mehrheit der Fahrradboten zwar einen Rucksack am Rücken hat – aber jenes Accessoire, mit dem Fahrradboten das Stadtbild auf der ganzen Welt geprägt haben, dennoch eine Tasche ist, die man von der linken Schulter auf die rechte Hüfte hängen lässt – und deren Riemen sich mit einem Schnellspannhebel in Windeseile von lang & flatterig auf kurz & eng anliegend umstellen lässt. In der U-Bahn, im Club, auf der Uni oder in der Shopping Mall – und manchmal sogar auf dem Fahrrad.

FUNKNAME: NIKS

WIE LANGE BIST DU SCHON BOTE?
5 JAHRE

BESCHREIBE DEIN FAHRRAD:
RENNRAD

WIE VIELE KILOMETER SCHAFFST DU AM TAG?
100 KM

WIESO BIST DU BOTE GEWORDEN?
GELDMANGEL UND LUST, FAHRRAD ZU FAHREN

DIE BESTE AUSREDE, WENN DICH EIN POLIZIST BEI IRGENDWAS ERWISCHT?
DARF ICH MORGEN ZAHLEN?

WELCHE VERKEHRSREGEL WÜRDEST DU WIRKLICH NIE ÜBERTRETEN?
STOPPTAFEL

DEIN SCHÖNSTES/SELTSAMSTES TRANSPORTSTÜCK ODER DEIN SELTSAMSTER AUFTRAG/FAHRTBERICHT:
WAGRAMER STRASSE 19, UND ZWAR HIN & RETOUR

WOZU TAUGEN AUTOS IN DER STADT?

::: DER WEG ZUM KULTOBJEKT

Michael Ferdiny verkauft Fahrräder. Und dass die heute mehr können müssen als nur gut laufen, ist – auch – Verdienst der Boten.

In Wirklichkeit, meint Michael Ferdiny, müsse man die Geschichte der Fahrradboten ja ein bisserl anders erzählen. Denn bei aller Liebe und Bewunderung für die Stadtflitzer sei ein Loblied auf die Boten und ihre Szene doch nur die Beschreibung eines Symptoms. Und wer – wie in der Medizin – beim Blick auf die Symptome hängen bleibt anstatt die Ursachen zu hinterfragen, hat ein Problem: Er kann keine seriöse Prognose abgeben. Das ist beim Radfahren genau so wie beim Wetter: Wer die Vergangenheit nicht kennt, verkennt den Augenblick – und analysiert falsch.

Deswegen zitiert Michael Ferdiny in Sachen „urbaner Radverkehr" Bruno Kreisky – und sagt: „Lernen Sie Geschichte!" Und setzt gleich nach, dass er natürlich genau weiß, dass der 70er-Jahre-Kanzler mit diesem Satz alles, nur nicht das Radfahren gemeint hat.

Denn damals, in Kreiskys 70er Jahren, referiert der gelernte Sozialarbeiter, der 1992 als „Quereinsteiger" das Fahrradgeschäft „Ciclopia" auch dem Volk öffnete (davor war der Laden zwei Jahre lang ein Shop, der nur für Freaks, Boten & Radreisende Speziallösungen ertüftelte), war das Fahrrad tot. Als Verkehrsmittel genauso wie als Kultobjekt. Und schuld daran war der Wohlstand: Radfahren war ein Zeichen von Armut. Oder von Landjugend: „Meine Schule lag im Nachbarort – da war es selbstverständlich, dass wir mit dem Rad hingefahren sind", erinnert sich der heute 46-jährige Fahrradhändler. Doch schon damals war er ein bisserl fanatischer als seine Mitschüler: Mit 15 fuhr er in einer Rennradgruppe – und war bei Salzburgs Mechanikern gefürchtet: „Ich habe jedes Fahrrad zerlegt – und dann oft nimmer zusammenbauen können." Aber immerhin: Man fuhr, hatte und reparierte Fahrräder.

Doch als Ferdiny dann Mitte der 80er Jahre nach Wien kam und Sozialarbeiter wurde, war die tote Zeit des Fahrrades gerade auf ihrem – wenn man das so sagen kann – Höhepunkt angekommen. „Ich bin da jeden Tag nach St. Pölten gependelt – da war mein Rad das einzige, das beim Westbahnhof angehängt war." Und das lag nicht an Dieben oder Vandalen.

Denn stehlenswert wäre das, was da der Radhändler heute verächtlich „Lockenwicklerfahrrad" („Mit denen konnte die Oma am Campingplatz zum Greißler fahren – sonst waren die für nix gut") nennt, nicht gewesen – und die

anderen Fahrräder waren Rennräder, die man schon damals nicht auf der Straße stehen ließ. Schon deshalb, weil kein Mensch auf die Idee gekommen wäre, damit von zu Hause ins Büro und dann ins Kaffeehaus zu fahren: Das waren Sportgeräte. Und so wurden sie auch verwendet.

Das war Europa. Doch während hier zwischen dem Waffenrad und italienischen Rennmaschinen gerade noch die legendären Puch-Clubmann-Räder als „Freizeitfahrrad“ existierten, begannen in den USA ein paar Verrückte zu basteln.

In Kalifornien begannen Leute mit alten Dreigangrädern die Berge hinunter zu düsen. Und weil die Bikes dabei zum einen regelmäßig zu Bruch gingen und zum anderen die Dreigangschaltungen von (in den 70er Jahren auch in Österreich bei Kindern beliebten) „High-Risern“ & Co schon im flachen Gelände wenig taugten und beim Bergauffahren lediglich ein Witz waren, begannen diese Freaks zu basteln. Und zu schweißen. Und zu optimieren. So entstand das Mountainbike: ein schweres, robustes Trum, das man über Stock und Stein prügeln konnte – und das eine Übersetzung hatte, mit der man auch die steilste Steigung noch ohne abzusteigen schaffte.

Ferdiny wusste von all dem in den frühen 80ern noch nichts. Und war damit nicht der Einzige: Der erste Österreicher, der je am Ironman in Hawaii teilnahm, der Steirer Sepp Resnik, kam zwar nach dem Rennen 1984 zurück nach Österreich und erzählte Funktionären, Betreuern und Fahrradherstellern (die ihm vor dem ersten Start allesamt gesagt hatten, er sei verrückt, so ein Rennen könne man nicht bestreiten oder durchstehen) von seltsamen Fahrrädern, die er da auf Hawaii gesehen habe: bullig, robust, mit breiten Stollenreifen. Mit drei Kettenblättern vorne und absolut alltags- und geländetauglich. Die heimische Rad-Lobby schüttelte den Kopf: Der Sportler müsse an Halluzinationen leiden – kein Mensch käme auf die Idee, so ein Rad zu bauen. Keiner würde sich draufsetzen. Wozu denn auch? (Nebenbei: Für den Ironman 1985 wünschte sich Resnik noch so ein US-Dings: einen Radhelm, der nicht bloß ein Geflecht aus Lederstreifen war. Das verlangte das US-Reglement nämlich. Österreichs größter Helmhersteller aber winkte ab: Leichte Plastikhelme mit Luftschlitzen für Radfahrer würden sich nie durchsetzen. Darüber nachzudenken lohne sich gar nicht.)

Doch die österreichische Radszene war in ihrer Ignoranz nicht allein: Die großen Komponentenhersteller der Zeit – Campagnolo und Sachs etwa – winkten ab. Und nur eine kleine, unbedeutende Kettenblattschmiede

erbarmte sich der neu entstehenden Freakszene: Shimano. Man investierte, forschte, hatte Rückschläge – aber auch bahnbrechende Erfolge. Aber Europa schlief – Italiens Radindustrie etwa glaubte bis in die 90er Jahre fast ausschließlich an das klassische Straßenrennrad.

In den USA hatte das Fahrrad als Berufsvehikel jedoch einen anderen Stellenwert: Kleine Buben trugen damit die Zeitung aus. Und als sie größer wurden, fuhren sie Mountainbikes. Und entdeckten, dass man in den Städten nicht nur Zeitungen zustellen konnte: „Die ersten Mountainbiker und die Fahrradbotenszene hatten in den USA ein sehr nahes Verhältnis", weiß Radhistoriker Ferdiny – und als die ersten Bikes dann nach Europa kamen, kam auch ein bisserl was von diesem Freak-Lifestyle mit, „das war so gegen 1985", erinnert sich Ferdiny.

Der Start von Veloce fiel dann zeitlich genau in das erste Aufblühen dieser Szene: „Als der Paul angefangen hat, ist die MTB-Szene gerade im Geborenwerden gewesen. Da gab es unglaubliche Zuwächse – eben weil es vorher nix gab. 1987, als Veloce startete, war das schon voll im Gang."

Technisch waren die Räder damals längst nicht ausgereift: Die neue Gangvielfalt machte die Naben breiter – und plötzlich brachen die Achsen quasi in Serie. Auch bei den Radrennfahrern. Ferdiny erinnert sich etwa an einen Giro d'Italia, „bei dem fast allen Teilnehmern die Hinterachse gebrochen ist". Shimano reagierte – und entwickelte neue Nabensysteme.

Als Heavy-Duty-User rückten da erstmals die Fahrradboten ins Visier der Industrie: Was bei diesen Profis hielt, würde wohl auch bei den Freizeitradlern im Gelände halten. Nur: Wieso eigentlich nur im Gelände? Die Boten fuhren schließlich in der Stadt. Und immer öfter setzten sich auch Normalos aufs Gländerad – und fuhren in der Stadt: Das war doch eindeutig ein Markt.

Aber wir greifen vor. Denn die Boten hatten relativ rasch erkannt, dass Mountainbikes in der Stadt nicht wirklich optimal sind. Sicher: Man sah saucool aus – aber die dicken Wuzzler mit den Stollen waren nix am Asphalt. Man testete also Rennräder. Bloß: Die klassischen geklebten Rennreifen hielten noch weniger aus als die fragilen Straßenrahmen.

Aber so experimentierte man mit schmalen Reifen auf fetten MTB-Rahmen – und nach kurzer Zeit entdeckten das dann auch die Hersteller: Plötzlich gab es Slicks für Mountainbikes.

Ferdiny – bis in die frühen 90er Jahre noch immer Sozialarbeiter – beobachtete genau: „Was für mich spannend war, war, dass diese Clique von Fahrern auch Trendsetter war. Der gelbe Rucksack wurde abends nicht abgelegt. Der war in der Kneipe ein Signal dafür, zu einer ganz neuen Szene zu gehören: Das war cool, das war ein Abenteuer – es war was Besonderes, zu zeigen, dass man sich traute, in der Stadt mit dem Rad zu fahren."

Jede Szene entwickelt ihre eigene „Sprache". Neben Festen und Wettkämpfen war das in diesem Fall auch die Hardware: das Rad. Und die Taschen. Ferdiny: „Damals gab es Daybags und Rucksäcke – doch wer lief schon mit einer Botentasche durch die Stadt? Aber heute ist die Botentasche ein globales Stadt-Accessoire." Und hat sich längst vom Rad gelöst: „Die Leute kaufen bei mir Fahrradtaschen – und fahren damit in die Arbeit – mit der U-Bahn oder dem Auto. Die suchen einfach eine coole Tasche." Und fast noch wichtiger als das Design sind auch hier bereits die richtigen Labels: Timbuk2 und Freitag (obwohl kein Bote mit der an sich featurelosen Tasche fahren würde) sind Klassiker. Und „derzeit bringen alle, die in den USA waren, „Chrome"-Taschen mit. Das schwappt demnächst auf den Mainstream-Markt rüber."

Was bei den Accessoires offensichtlich ist, geschah aber auch bei den Rädern selbst: Boten wurden Trendsetter. Viele Boten haben begonnen, ihre Räder zu überspritzen. Camouflage schützt nämlich auch vor Diebstahl, erklärt Ferdiny: „Ein schwarzes Rad ohne Namen ist sicherer. Da haben sich Leute teure 3.000-Euro-Markenräder anonymisiert. Understatement war plötzlich Pflicht."

Auch darauf reagierte die Industrie – allen voran die Firma Cannondale: Vor fünf Jahren brachte man ein Rad heraus, das „Messenger" hieß. Heute heißt die Linie „Urban Bikes" – flotte, stadttaugliche, coole Räder. „Das war die Entwicklung eines sportlichen Rades, das kein MTB und kein Rennrad ist, sondern was dazwischen. Ein Straßenrad ohne Federung. Simpel gebaut – und ganz viel Understatement", schwärmt Ferdiny. „Wenn man sich etwa die „Bad Boy"-Linie von Cannondale anschaut, ist das eindeutig ein Ableger aus der Boten-Ecke." Nicht nur, was straßentaugliche Robustheit und ausgefeilte Technik angeht, auch vom Design her gab der Hersteller dem Kunden das Gefühl, ein bisserl zur Botenszene dazuzugehören: mattschwarz mit schwarzen Aufklebern. Die lassen sich aber auch abziehen. „Cannondale war auch mit diesem Image: ein No-Name-Produkt, bei dem jeder Insider sofort weiß, was es ist."

Derlei Gimmicks – auch aus anderen Radschmieden – sind längst Kult geworden. Heute sind derlei Räder auch in Preiskategorien angesiedelt, bei

BOTENECKE:

FUNKNAME: RASANT

WIE LANGE BIST DU SCHON BOTE?
ZU LANG

BESCHREIBE DEIN FAHRRAD:
UNTERSCHIEDLICHE, WEIL OFT GENUG GEKLAUT!!

WIE VIELE KILOMETER SCHAFFST DU AM TAG?
30–120

WIESO BIST DU BOTE GEWORDEN?
WEIL ICH KEINEN CHEF, SONDERN BEWEGUNG BRAUCHE

DIE BESTE AUSREDE, WENN DICH EIN POLIZIST BEI IRGENDWAS ERWISCHT?
EINIGE EURO IHM GEBEN

WELCHE VERKEHRSREGEL WÜRDEST DU NIE ÜBERTRETEN?
ABSICHTLICH JEMANDEN ÜBERFAHREN

DEIN SCHÖNSTES/SELTSAMSTES TRANSPORTSTÜCK ODER DEIN SELTSAMSTER AUFTRAG/FAHRTBERICHT
45 KG

WOZU TAUGEN AUTOS IN DER STADT?
UM UMWELT ZU VERSCHMUTZEN

denen die meisten Boten sich an die Stirn tippen. Die Käufer aber sind längst andere Leute: Schwarz ist immer noch die Farbe der Kreativen. Von Architekten, Designern, Fotografen und Werbern. Mitunter auch Menschen, die früher selbst einmal Boten waren, obwohl das längst keine Rolle mehr spielt. Wichtiger ist, dass sie Role-Models sind. Und definieren, was das „richtige" Rad ist: „Styling ist in allen Bereichen des Lebens immens wichtig geworden", referiert Ferdiny, „mit dem, was ich trage, gebe ich ein Statement ab. Oder dokumentiere Zugehörigkeit. Natürlich könnte man auch mit dem alten Puch Clubmann zum Nobelitaliener fahren. Aber der Anwalt, der zu seinem Kunden fährt, möchte eben auch ein Zeichen setzen. Mit einem Rad, das ein Statussymbol ist – und mit dem er darüber hinaus zeigt, dass cool, pragmatisch und ökologisch korrekt auch mit gutem Stil gehen kann." Den Vergleich mit SUVs lehnt der Edelradhändler allerdings ab: Während etwa der Importeur des H3 (also des straßentauglich abgespeckten US-Armee-klassikers „Hummer") zugibt, dass der Großteil der Geländefahrzeuge Stock und Stein nie zu spüren bekommt, sei das bei schicken Rädern anders: „Diese Räder sind jeden Tag auf der Straße. Bis zu 3.500 Kilometer im Jahr im Stadtverkehr. Aber die Leute sehen sich gar nicht als sportliche Fahrer."

Und ganz abgesehen vom ökologischen Effekt meint Ferdiny, dass es die Botenszene war, „die es überhaupt erst möglich gemacht hat, dass das Fahrrad zu einem urbanen Kultobjekt werden kann." Mittlerweile gebe es sogar eine Sammlerszene für alte MTBs. „Da werden zum Teil unglaubliche Preise für Räder aus der ersten Ära gezahlt." Und das fachkundige Publikum wächst: „Ich habe einmal eine Ausstellung gemacht, in der Designansätze über die Geschichte des Fahrrades gezeigt wurden – das war ein irrer Erfolg. Mit mehr als 10.000 Besuchern. Da hat die Botenszene sehr geholfen, das Rad als ein ästhetisches Objekt wahrzunehmen. Das war eine Subkultur, ist gewachsen – und seitdem zu einem Stück urbanen Stylings und Stils geworden."

Auch heute, so Ferdiny, spüre man die Trendsetterfunktion der Boten am Radsektor: Zum einen gebe es eine Bewegung hin zum Rennrad. Weil sich auch hier in den letzten 15 Jahren Material und Robustheit weiterentwickelt haben. Und in diesem Segment setze gerade eine Spezialisierung ein: „Das ‚Fixie' ist derzeit ein Renner. Das Bahnrad mit starrer Übersetzung und lediglich einer Vorderbremse ist das hippste Ding in der Szene. Die Reduktion ist also nach wie vor das Thema." Fixies kommen aus New York. Und gelten

schon deshalb als cool – auch wenn sie nicht immer die vernünftigste Lösung für das Radfahren in einer hügeligen Stadt darstellen. Aber Vernunft, lacht Ferdiny, ist bei Statussymbolen selten das schlagende Argument: „Mittlerweile kommen Normalos ins Geschäft, die einfach der Schönheit des schlichten Objektes verfallen sind: Das ist Fahrrad pur. Darum kaufen sie ein Fixie. Als Zweitrad. Da geht es nur um Schönheit und Ästhetik."

::: VOM KULTSTATUS ZUR STADTKULTUR

Coole Räder machen noch lange keine Radstadt. Man muss die Hardware nämlich auch benutzen, warten und abstellen können.

Michael Ferdiny blickt auf das vorige Kapitel und seufzt. „Gut – und jetzt?" Denn ganz abgesehen vom Cool-Faktor, den manche Räder haben und vermitteln, ist Radfahren in der Stadt schon noch was anderes. Was Wichtiges: eine Alternative. Und ein Stück gelebter Umweltschutz. Auch da sind die Boten Vorbilder.

Nur: Um eine Alternative massentauglich zu machen, braucht es andere Rahmenbedingungen als jene, die Freaks und Szeneleute suchen. Und allein durch politisches Phrasendreschen steigen Otto Normal und Anna Durchschnitt nicht vom Auto aufs Fahrrad um. Da hilft auch das Wiener G'schichterl von angeblich 1.000 Kilometern Radwegen nix – und das liegt nicht daran, dass es diese 1.000 Kilometer nicht als zusammenhängendes Wegenetz gibt, sondern dass ein Fleckerlteppich aus Radwegen, Mischverkehrszonen, Wohnstraßen, Donauinsel und anderen auch von Radlern benutzten Flächen zur Erfolgsbilanz addiert wird.

Denn Infrastruktur, betont der Händler, ist mehr als ein Streifen Beton. Oder ein paar Läden, die geile Räder anbieten. „Heute kann man zwar überall Räder kaufen, aber nur wenige Sporthändler erkennen das Rad als urbanes Verkehrsmittel. Die verkaufen und bewerben immer noch Freizeitsportgeräte. Dabei ist die Stadt das Wachstumsgebiet der Radindustrie. Shimano hat das erkannt. Cannondale und ein paar amerikanische Marken auch. Die sehen, dass man im städtischen Verkehr die höchsten Zuwachsraten haben wird – und bieten dementsprechende Produkte an. Aber die großen Sportketten sehen ihr Fahrradangebot im Freizeitbereich. Und bieten Lösungen, die für städtische Nutzer nur ein Kompromiss sind. Obwohl das doch die boomende Szene ist." Aber eine, die mittlerweile

an Grenzen stößt, die so wohl niemand vorhergesehen hat. Infrastruktur für Radfahrer bedeutet nämlich auch: Service – und damit meint Ferdiny Banales. Kleinreparaturen etwa. Für die er und seine Mitbewerber schlicht und einfach keine Ressourcen haben: „Der städtische User ist einer, der sich den Patschen nicht selbst pickt. Weil er sich nicht dreckig machen will und weil er seine Wohnung nicht versauen will. Wo soll er werkeln? Am Wohnzimmerteppich? Der normale Stadtbewohner hat keine Garage – der repariert in der Wohnung, am Gehsteig. Oder gar nicht. Der will eine Werkstatt."

Bloß: Die gibt es nicht mehr. Oder sie sind heillos überlastet – und das bei einem Radverkehrsanteil von fünf Prozent. Ein Fahrradhändler, dem man sein Fahrrad am Vormittag bringt, um es am Nachmittag mit geflicktem Reifen wieder abzuholen, wird den Kunden auslachen – und das hat mit Arroganz nichts zu tun: Der Ciclopia-Innenhof ist längst zu klein, um alle Räder zu fassen, die für Reparaturen abgegeben werden sollen. Und bei den Mitbewerbern ist das nicht anders.

Das Dilemma ist „amtlich" verursacht: Als in den 70er Jahren das Fahrrad am Aussterben war, wurde der Lehrberuf „Fahrradmechaniker" abgeschafft. Mangels Bedarfs. Ein paar alte Meister dämmerten in Seitengassen und Hinterhöfen der Pension entgegen – aber wer zum Teufel brauchte Leute, die qualifiziert Speichen einziehen oder Schaltungen justieren konnten? Das bisserl schrauben kann man ja wohl selbst. Oder etwa nicht?

Dummerweise sind die 70er Jahre vorbei. Und auch Menschen, die keine Angst vor einem zu flickenden Patschen haben, geben offen zu, dass sie eine moderne Schaltung überfordert. Oder ein hydraulisches Bremssystem. „Fahrräder sind Hightech-Produkte, die zum Teil komplexere und kompliziertere Teile haben als Motorräder – weil alles viel filigraner, leichter und effizienter sein muss – schließlich muss man es ja mit der eigenen Körperkraft bewegen. Das ist Technik, die Fachleute braucht", betont Ferdiny. Nachsatz: „Aber die gibt es nicht."

Wobei das keinesfalls heißen dürfe, dass seine Mechaniker und die der anderen Spezialisten Dilettanten seien: Zum einen finde man in allen Betrieben sehr viele gelernte und geprüfte Fahrradmechaniker – aus Deutschland. Und zum anderen gebe es jede Menge gute Fahrradmechaniker. „Nur sind die rechtlich nicht mehr als angelernte Kräfte. Hilfsarbeiter – obwohl das Top-Spezialisten sind. Die finden zwar immer einen Job – aber ein anerkannter Lehrberuf mit einem Kollektivvertrag würde sie auch weniger von Mode und Marktpreisen abhängig machen."

Der Ciclopia-Chef selbst ist übrigens Fahrradmechaniker. Nicht der Letzte seiner Art, aber vermutlich der Letzte unter 60. Das Recht, die Prüfung abzulegen, hat er sich in einem langen Kampf mit Ministerien, Innung und Kammern mühsam ertrotzt – als erwachsener Mann, der eine Mission und eine Vision hatte. Kein Jugendlicher auf Lehrstellensuche würde sich das antun. Doch als Signal – und auch als Jobperspektive für Jugendliche – wäre es für Ferdiny deshalb hoch an der Zeit, den Fahrradmechaniker als regulären Lehrberuf wiederzubeleben: „Ich würde sofort Lehrlinge ausbilden. Viele Kollegen in der Branche auch – und diese Leute könnten dann selbst Betriebe gründen und jenes Service bieten, das man braucht, wenn der Radverkehrsanteil tatsächlich angehoben werden soll."

Aber Mechaniker sind nur ein Aspekt: Wer sein Rad als Verkehrsmittel benutzen soll, muss es auch abstellen können. Doch während bei Neu- und Dachausbauten der mitzuliefernde Garagenplatz gesetzlich vorgeschrieben ist, nimmt die Zahl der „Fahrradabstellen im Innenhof/Stiegenhaus/Gang verboten"-Schilder in Wien schneller zu, als der Radverkehrsanteil steigt. Wer sein Rad täglich in den Keller schleppen muss, fährt nach einer Woche nicht mehr – und draußen, auf der Straße, verschwinden Fahrräder über Nacht trotz teurer Bügelschlösser. „Hier ist die Politik gefordert – Modelle, wie man das macht, gibt es ja in Städten, die einen deutlich höheren Radanteil haben als Wien", doziert Ferdiny – und schickt die Politik auch gleich in die öffentlichen Garagen: Denn in deutschen und Schweizer Städten gebe es mittlerweile oft Stellen, in denen man sein Fahrrad abgeben kann wie bei einer Gepäckaufbewahrung. „Da passt also jemand auf – und macht auch kleine Reparaturen. Man muss das Rad nicht neu erfinden – das gibt es ja alles schon. Nur denkt da in Wien keiner drüber nach – man wundert sich lieber, dass die undankbaren Radfahrer sich nicht über Radwege freuen, auf denen sie mit Fußgängern zusammenstoßen. Weil sich niemand traut, den Autos Platz wegzunehmen."

BOTENECKE:

FUNKNAME: SARAZENE

WIE LANGE BIST DU SCHON BOTE?
NICHT LANGE GENUG

BESCHREIBE DEIN FAHRRAD:
SCHWARZ – BREIT – STARK

WIE VIELE KILOMETER SCHAFFST DU AM TAG?
MAX. 330 KM (ALLERDINGS OHNE GELBE TASCHE)

WIESO BIST DU BOTE GEWORDEN?
ICH BIN KEIN BOTE GEWORDEN – ICH BIN SO GEBOREN

DIE BESTE AUSREDE, WENN DICH EIN POLIZIST BEI IRGENDWAS ERWISCHT?
»IM EINSATZ IM AUFTRAG DES BUNDESPRÄSIDENTEN FREIES GELEIT!«

WELCHE VERKEHRSREGEL WÜRDEST DU NIE ÜBERTRETEN?
FRAUEN UND KINDER ZUERST

DEIN SCHÖNSTES/SELTSAMSTES TRANSPORTSTÜCK ODER DEIN SELTSAMSTER AUFTRAG/FAHRTBERICHT
MEIN EIGENER LIEBESBRIEF

WOZU TAUGEN AUTOS IN DER STADT?
LANGSAME SLALOMSTANGEN

::: VOM FAHRRAD AUS

Der Soziologe Roland Girtler radelte schon durch Wien, als die Radfahrer einander noch kannten und grüßten. Heute fahren viel mehr Menschen Rad – aber Girtler grüßt noch immer.

Roland Girtler ist ein viel beschäftigter Mann. Das verrät schon seine Visitenkarte: Ihr zufolge ist Girtler „Doktor der Philosophie, Vagabund, Feldforscher, Experte für Sandler und Sennerinnen, für Dominas & Pfarrersköchinnen, für Aristokraten & Ganoven, Scholar in Gottes Weltuniversität und Universitätsprofessor". Und wenn ihm neben all diesen Dingen noch ein bisserl Zeit bleibt, schreibt Girtler Bücher (drei davon listet er auch auf der Rückseite seiner Visitenkarte auf), referiert und diskutiert bei Veranstaltungen in ganz Österreich – und schreibt einmal in der Woche eine Kolumne in der Kronen Zeitung. Am allermeisten, sagt Girtler, sei er aber eines: Radfahrer. Auch darüber hat er bereits ausführlich publiziert: „Vom Fahrrad aus" erschien im Jahr 2004 und enthält „kulturwissenschaftliche Gedanken und Betrachtungen" (Klappentext) eines Mannes, der sich am allerliebsten mit Randgruppen beschäftigt. Das hat Roland Girtler auch bekannt gemacht: Seit seinen Milieustudien im Wiener Rotlicht ist er Österreichs bekanntester Soziologe – und darüber hinaus ein hoch unterhaltsamer, witziger Gesprächspartner. Obwohl das Wort „Redner" dem frei assoziierend von einem zum nächsten Thema hüpfenden Intellektuellen wohl eher gerecht wird.

Was man über Girtler nicht weiß, ist, dass er neben all dem vermutlich auch einer der ersten Wiener Großstadtradfahrer war: In den 70er Jahren hat er dem Auto abgeschworen. Seither fährt er mit dem Fahrrad. Immer und überallhin. Auch bei minus zehn Grad. Jedes Jahr unternimmt der 66-jährige Professor mehrwöchige Radtouren und hat die Strecke Berlin – Wien schon in vier Tagen hinter sich gebracht. Und auch heute noch fährt Girtler jeden Tag eine Radtour. Der Kahlenberg ist sein Favorit: „Weil ich die Anhöhe dort unbedingt brauch."

Die Wirtschaft giert nach Tempo und Modernität und bedient sich dabei Boten, die mit primitiver Muskelkraft arbeiten. Ein Widerspruch?
Ich glaube, dass in unserer Gesellschaft das Fahrrad wieder an Bedeutung gewinnt. In Kulturen, in denen es viel Armut gibt, in denen die Menschen um ihr tägliches Brot raufen müssen, da zählt das Auto. Mit dem Auto kann

man ‚auf den Tisch hauen', man kann zeigen, dass man was hat, mit einem Radl nicht. Aber in unserer Kultur, in der wir alle alles haben, in der wir wirklich im Überfluss leben, ist das Radfahren etwas Exklusives. Es ist geradezu pervers: Man fährt mit dem Auto und hat am Dach die Räder. Ich habe früher auch ein Auto gehabt. Ich glaube, um zum Radfahren zu kommen, muss man schon mal ein Auto besessen haben oder damit – wie als Städter – konfrontiert worden sein.

Fahrradbotendienste gibt es fast nur in europäischen und amerikanischen Großstädten. Wieso?
In hoch industrialisierten Ländern hat das Fahrradfahren etwas Sportliches. Der Sportler, der geschmeidig ist, der durchtrainiert ist, ist ein Ideal. Und diese Geschmeidigkeit kann man herrlich mit dem Fahrrad verbinden. Der geschmeidige Fahrradbote, der – aus eigener Kraft – etwas bringt, was wichtig ist, hat etwas. Auch in Rumänien zum Beispiel seh' ich mittlerweile Leute mit dem Rad fahren. Aber dort wird Radfahren noch als Fortbewegung der armen Leute empfunden. Wir sind da weiter entwickelt. In dem Sinn, dass man erkennt, dass man unsere Umwelt schützen muss: Wir wissen, dass das Auto für die Umwelt gefährlich ist, und finden es deshalb toll, dass es Fahrradboten gibt. Sie sind ein Symbol dafür, dass es eine Alternative zum Klimakollaps gibt.

In den letzten 20 Jahren hat sich das Stadtbild von Wien verändert, es gibt immer mehr Radfahrer. Hatten die Fahrradboten da Vorbildfunktion?
Nein. Beim erneuten Aufkommen des Fahrrads Ende der 80er Jahre hat sich die Wirtschaft des Fahrradtrends bedient. Es wurden bessere Fahrräder entwickelt. Da hat's die ARGUS gegeben, da gab es immer so Gruppen, die Radl gefahren sind. Veloce hat da gut reingepasst. Es war so ein allgemeiner Trend: Weg vom Auto, zurück zum Zu-Fuß-Gehen und zum Radfahren. Pilgerwege sind auch in den 80er Jahren wieder aufgekommen. Und Radfahren war auch Kritik an der Stadtkultur.

Aber wofür stehen Fahrradboten heute?
Ein guter Fahrradbote ist jemand, der elegant fährt und Chancen zu nützen weiß. Er schlängelt sich durch. Fahrradboten füllen eine Lücke. Im städtischen Bereich ist das Fahrrad dem Auto an Geschwindigkeit überlegen.

Mit dem Rad ist man frei von Zwängen des städtischen Verkehrs. Und der Fahrradbote ist das Symbol dieser Freiheit.

Die Rollenerwartung, die an einen Fahrradboten gerichtet ist, ist eine andere als an den gewöhnlichen Städter. Man erwartet sich, dass er etwas Anarchistisches an sich hat. Manche mögen das, andere ärgern sich. Das erste Mal, als ich einen Fahrradboten gesehen hab, war das sensati onell für mich: Ein Fahrradfahrer bringt mir etwas! Das war etwas, was sonst die Post gemacht hat – aber der Radfahrer war viel schneller.

Heute ist man an Fahrradboten gewöhnt. Glauben Sie, dass Büromenschen sich immer noch freuen, wenn ein Bote daherkommt?
Das kann schon sein. In Amerika haben Botenfahrer Kultcharakter. Man hat ihn ja auch so stilisiert. Als muskulöse, schneidige Figur, die etwas bringt, was wichtig ist. Ich kann mir gut vorstellen, dass das Frauen gefällt, wenn so einer reinkommt. Ich selbst freue mich jedes Mal, wenn ein Fahrradbote kommt. Da reden wir immer ein bisschen übers Radfahren. Meistens sind das sehr freundliche Leute.

Haben Fahrradkuriere und Fahrradfahrer etwas gemeinsam?
Bei uns ist gesellschaftliche Hierarchie – durch das Auto bestimmt. Wer ein gutes Auto hat, der gilt was. Oder er möchte zeigen, dass er was gilt. Als Radfahrer bin ich nicht drin in diesem Wettkampf um Anerkennung, da stelle ich mich nobel über das Ganze. Ich stelle mich über dieses kleinliche Alltagsdenken der Autofahrer. Ich zeige auch an, dass ich als Radfahrer eine eigene Art von Einkaufen habe. Ich demonstriere dadurch, dass ich nur das mitnehmen kann, was ich selber tragen kann. Aber es gibt auch Dinge, die mich stören: Viele Radfahrer grüßen einander nicht. Das merk' ich immer, wenn ich auf dem Kahlenberg bin. Ich grüße immer alle, aber viele grüßen nicht zurück. Das stört mich. Einmal bin ich sogar jemandem extra nachgefahren, der das verabsäumt hat, weil ich mich so geärgert habe.

Was ärgert den Stadt-Radler Roland Girtler außer unhöflichen Radfahrern denn noch?
Autofahrer. Wenn sie rücksichtslos mitten auf dem Zebrastreifen herumstehen oder einfach weiterfahren. Da gab es schon mal einen Zwischenfall. Vor ein paar Jahren ist am Ring beim Café Landtmann ein Kleinbus am

Radlweg gestanden. Da hab ich ihm einmal aufs Auto geklopft. Der Typ hat eine richtige Wut gehabt, der hat das als eine persönliche Beleidigung empfunden, dass ich sein Auto berühre. Er hat dann versucht, mich bei der Börse abzupassen. Er ist stehen geblieben mit dem Auto und ausgestiegen. Ein Mordsriegel. Da hab ich überlegt, was ich machen soll – ich wollte ja auch nicht feige sein. Also bin ich direkt auf ihn zugefahren und bevor er was tun konnte, habe ich einen riesigen Bogen gemacht. Da hat er mich dann nur noch beschimpfen können.

Und wie reduzieren Sie andere Gefahren im Stadtverkehr?
Wenn ich auf dem Fahrradstreifen zu einer Kreuzung fahre, dann tu ich immer so, als würde ich nicht zum Autofahrer hinblicken. Aber ich tu nur so, ich hab ihn natürlich schon im Blick. Aber der Autofahrer weiß das nicht. Er denkt, er muss aufpassen – und bleibt stehen. Ich glaub überhaupt, dass es eine gute Strategie für den Fahrradfahrer ist, wenn er so tut, als wäre er blöd. Damit die anderen halt auch aufpassen.

Blöd stellen – und schlau fahren. Fahren Sie eigentlich mit Helm?
Nein. Ich glaube fest, dass ein Helm tödlich sein kann. Der ist doch blöd gebaut. Erstens schützt er nur die Schädeldecke und den Rest des Kopfes nicht. Zweitens kann man sich, wenn man blöd fällt, strangulieren oder das Genick brechen. Da ist schon einmal ein Kind draufgegangen. Außerdem gibt es Studien darüber, dass Autofahrer besser aufpassen, wenn sie einen Radfahrer ohne Helm sehen. Weil sie dann einen größeren Bogen um ihn machen.

Und noch etwas: Auch über die rote Ampel zu fahren kann sicher sein, immerhin schaut man da und verlässt sich nicht einfach so auf die anderen.

::: VON DER ERHOLUNG IM STAU

Peter Heintel, der Gründer des Vereins zur „Verzögerung der Zeit", reflektiert über die Geschwindigkeit der Boten in der Stadt.

1990 gründete Peter Heintel den „Verein zur Verzögerung der Zeit". Nicht aus Jux, sondern weil der an der Universität Klagenfurt an der Fakultät für Interdisziplinäre Forschung und Fortbildung lehrende Professor feststellte, dass man sich in fast allen Lebensbereichen kaum mehr die Zeit nimmt, um „reife" Entscheidungen zu treffen: „Speed kills" gilt als modernes Dogma – und danach, so liest man auf der Vereins-Homepage (www.zeitverein.com), müsse man „destruktive Nebenwirkungen dann ertragen und unsere Zeit häufig mit selbstverursachtem Krisenmanagement verbringen." Hier will der Verein ein Gegengewicht setzen und das Individuum, aber auch Gruppen und Organisationen dabei unterstützen, wieder in die Zeit-Balance zu kommen.

Herr Professor Heintel, Sie erzählen gern den Witz, in dem ein Taxi im Stau steht und der Fahrgast nervös wird – doch als der Fahrer sagt, „Na dann gehen Sie halt zu Fuß", meint der Fahrgast dann: „Also so eilig habe ich es auch wieder nicht." Was sagt das über Zeit und Geschwindigkeit in der heutigen Großstadt aus?

Städte sind seit dem Beginn der Industrialisierung und dem Fall der Stadtmauern auf Beschleunigung ausgerichtet. Weil man die Illusion der Nähe wiederherstellen wollte – die Nähe zu den Außenbezirken etwa. Die Verkehrsorganisation ist direkt und indirekt auf Beschleunigung und Geschwindigkeitserhöhung ausgerichtet. Und dass man noch rasch bei Gelb in die Kreuzung einfährt, gehört zu diesem Tempo-Denken ebenso dazu wie das Freihalten der linken Spur auf der Rolltreppe. Für die ganz Eiligen. Der zweite Aspekt von Zeit und Tempo in der Stadt ist die Dialektik der Geschwindigkeit: Wenn massenhaft Geschwindigkeit wahrgenommen wird, kommt es zum Stau. Es kommt zu einer ungewollten Dauerverlangsamung, die aber längst nicht mehr nur als Zumutung empfunden wird: Der Stau durchaus auch als Gedanken- oder Bindestrich zwischen Beruf und Familie verstanden. Man sitzt alleine im Auto und wartet – das ist eine Passage, ein Übergangsritual zwischen Privat und Arbeit, das einen davor bewahrt, von einer Szene in die andere zu stürzen.

Aber wenn alle schnell sein wollen und deswegen stehen, ist plötzlich der langsame Verkehrsteilnehmer schnell. Und er verliert keine Zeit. Das bringt uns zu den Radfahrern.

Ja, das ist ein Paradoxon. Diese Radboten sind fast Akrobaten und können daraus ein Geschäft machen, dass die Stadt steht und sie mit ihren kleinen Geräten überall durchkommen. Das geht, weil alle, die schneller wären, einander blockieren.

Aber was sagt dieser Drang zum Tempo in der Nische über den Umgang mit Zeit? Steigert das schnelle Zustellen durch den Stau die Effizienz der Unternehmen – oder die Lebensqualität der Menschen?

Radfahrer haben ja ein Problem: Wenn sie wirklich schnell sein wollen, gefährden sie Fußgänger und sich selbst. Das heißt, dass auch hier Tempo und Effizienz Grenzen haben – bei aller Bewunderung für die Akrobatik. Aber wir sehen, dass hier etwas außer Balance geraten ist: Wir wollen sowohl Geschwindigkeit als auch Ruhe und Langsamkeit. Wir wollen Effizienz und Pausen. Die Frage ist nicht, ob wir das eine oder das andere abschaffen oder forcieren – die Balance ist verloren gegangen. Effizienzsteigerungen und damit Geschwindigkeit, Zeitverdichtung und Beschleunigung stehen im Vordergrund – Pausen fallen weg. Langsamkeit wird immer stärker als Problem definiert. Aber ich habe schon erlebt, dass Menschen munter aus dem Stau kommen. Dass sie entlastet und fröhlich zu spät auf Terminen erscheinen: Die Deutschen galten immer als Inbegriff von Effizienz und Pünktlichkeit. Aber viele kommen vergnügt aus dem Stau. Denn Stau ist keine individuelle Schuld – und das kann dann jeder verstehen und entschuldigen. Ich bin sehr dafür, dass man die Pausen und die Zwischenräume nicht aufgezwungen bekommt, sondern sie selbst und bewusst gestaltet – aber wenn das nicht geht, ist diese Art eben auch eine Variante, das eigene Leben zu entschleunigen.

Der Mensch schätzt also etwas, was die Ökonomisierung des Alltags nicht zulässt.

Das stimmt. Die Dominanz ist aber nicht nur die der Ökonomie. Wir befinden uns in einer Epoche, in der alle Lebensbereiche betriebswirtschaftlich bewertet werden. Das wird aber nicht mehr sehr lange funktionieren, weil wir die Kosten dafür schon sehen können: Alle Burnouts und andere Stresssymptome hängen unmittelbar mit schlechter Zeitgestaltung zusammen.

Auch volkswirtschaftlich rechnen sich einseitige Dinge nie – sie schlagen immer ins Gegenteil um. Sicher: Derzeit können sich die meisten Unternehmen nicht der Zeitspirale entziehen, weil sie sonst Marktanteile verlieren. Aber insgesamt kommt man drauf, dass es unökonomisch ist, Zeitverdichtung und Beschleunigung am falschen Ort durchzuführen. Erinnern wir uns nur an den Elchtest, diesen umgefallenen A-Klasse-Mercedes: Das war ein unheimlicher Prestigeverlust. Nur, weil man nicht noch ein paar Wochen mehr in die Entwicklung stecken wollte.

Verlangsamung im Dienste der Qualität heißt also die Vision? Aber „Slow Economy" klingt nicht gerade zeitgeistig.
Noch klingt das utopisch. Aber auch die Überlegung des bedingungslosen Grundeinkommens galt vor 25 Jahren noch als Utopie – und wird jetzt diskutiert. Wenn auch noch in Übergangsformen. Da gibt es durchaus Zusammenhänge. Weil solche Dinge auch gesellschaftliche Folgen hätten – weil Zeit dann einen anderen Sinn und einen anderen Wert bekommt. Da würde dann nämlich auch die angebliche Wertlosigkeit der Arbeitslosigkeit neu bedacht werden müssen. Das wäre eine Aufwertung der nicht-tätigen Zeit. Aber heute sind das alles noch Utopien.

Aber was bedeuten solche Überlegungen für Betriebe, die verlorene Zeit wieder einfangen? Was geschieht mit Fahrradbotenbetrieben, wenn Tempo nicht mehr oberste Prämisse ist?
Wenn die Entwicklung so weitergeht und irgendwann eintritt, worüber wir gerade gesprochen haben, wenn man also Zeit für Pausen und zum Nachdenken wieder zulässt, wenn das alles also Zeitkultur wird, dann braucht man den Stau nicht mehr. Oder andere aufgezwungene Formen der Zeitentschleunigung. Und dann kann es natürlich passieren, dass der Autoverkehr in den Städten überflüssig wird. Das deutet sich jetzt schon an – wer in Wien mit dem Auto in die Stadt fährt und nicht die U-Bahn nimmt, ist eigentlich seltsam beraten. Um es höflich zu formulieren. Man ist mit jedem Verkehrsmittel schneller als mit dem Auto – und wenn es eine andere Zeitkultur gibt, wird der Autoverkehr in der Stadt obsolet. Damit wird die Frage, wie man nun Botschaften und Güter express wohin bringt, aber nicht überflüssig: Da ist der Fahrradbote oder der weniger rasante Radfahrer ein wichtiger Faktor.

Aber eines stimmt dann auch: Die Verlockung, dass in eine auto-entleerte Stadt dann wieder diejenigen einströmen, die Effizienz durch höheres Tempo mit dem Auto generieren wollen, ist sicher groß.

Aus der „Auto"-Club-Perspektive

Martin Hoffer, Jurist beim ÖAMTC, wollte eigentlich einen nüchternen Text darüber schreiben, wie „seine" Mitglieder Fahrradboten sehen und erleben. Aber während des Schreibens merkte er dann, dass manchmal auch in der Autofahrerbrust zwei Seelen schlummern.

Sie sind schnell.
Sie sind plötzlich da.
Und sie sind schnell wieder weg.
Probleme gibt es eigentlich schon ...
Jetzt ist er schon wieder weg.

Das Problem, das aus Sicht der Verursacher keines ist, ist schwer zu beschreiben.
Denn an sich – es wäre ja ein Problem.
Aber bevor es noch so richtig eines ist. –
Aber wurscht, ist sich eh ausgegangen ...

Und damit sind wir beim Kern der Sache: Fahrradboten sind nicht „Radfahrer". Vergessen wir einmal – vorübergehend – die StVO. Gut, ein Fahrzeug, das man als „Fahrrad" einstufen kann, betreten sie schon. Aber das ist auch schon so ziemlich alles, was sie mit dem Radlfahrer verbindet. Für sie zählt Zeit. Und Zeit ist Geld – ihr Geld. Oder vielleicht manchmal doch unser Geld? „Naja, manchmal soll ja was schnell von der Firma A zur Firma B. Da wird man doch, naja – ausnahmsweise usw. Aber trotzdem, lästig! Lästig sind sie schon irgendwie ... Aber wenigstens können sie fahren."

Diese Wortfetzen wollte ich bewusst meinem Artikel voranstellen. Nicht um Sie als Leser zu verwirren, sondern um Ihnen [vielleicht sogar mir selber] die Chance zu geben, sich wiederzufinden. Wiederzufinden in der ambivalenten Rolle als „Opfer" im Straßenverkehr und als „Täter" im urbanen Wirtschaftskreislauf.

Ich bin Jurist beim ÖAMTC, einem als solchem apostrophierten „Autofahrerclub". Aber auch – zumindest rein statistisch – der größten Radfahrervereinigung Österreichs. Aber uns ist schon klar – und ganz besonders im Zusammenhang mit unserem Thema: Radl fahren ist nicht Rad fahren. Denn – Hand aufs Herz: Schon einmal selbst beobachtet? Immer Handzeichen gegeben? Immer mit 10 km/h die ungeregelten Radfahrerüberfahrten benützt? Und immer beim Verlassen der Radfahranlage dem Fließverkehr den Vorrang eingeräumt? Aja – und die Fußgänger auf dem Schutzweg über den Radweg?

Na eben!

So, und jetzt zurück zum Ersuchen des Herausgebers nach einem Gastkommentar: Radlboten aus Sicht des ÖAMTC:

„Rad fahren ist also eben nicht Fahrradl-Bote. Fahrradl-Bote ist [noch] ärger. Unsereins bzw. unser Normalmitglied ist froh, wenn man geruhsam auf einem beschaulichen Radlweg durch die Lande oder durch die Stadt treten kann. Strampeln wäre schon zu viel. Aber was diese Radlboten an den Tag legen, ist mehr, das ist Strampeln ums Leben – sollte man glauben, wenn man ihnen zuschaut. Und – als wäre das Einhalten von Vorschriften die glatte Bankrotterklärung."

Vor diesem Hintergrund dürfen wir nie vergessen:
„Jede Entscheidung – auch jene für oder gegen die StVO – basiert auf einer Interessenabwägung. Und da prallen die Interessen brutal aufeinander: Der Radl-Bote, der von den paar Euro den nächstbesten Burger kaufen muss – von Pensionsfonds oder Kapitalanlage kann er nicht einmal träumen. Dass da die Radwegbenützungspflicht unter die rote Ampel und die [zwei] Räder kommt, darf nicht verwundern. Aber die Radfahrer, sie sollen schon schöne Radwege haben – aber Parkplätze soll's auch wieder nicht kosten – naja, das ist eine andere Geschichte ..."

So, aber jetzt muss das Manus schnell zum Verlag. E-Mail geht nicht. Ich brauch einen Radl-Boten – schnell, den billigsten! Wo bleibt denn der? Na endlich ...

Ein Mann, ein Sack, ein Rad und aus!

Walter Fabian, Landesgeschäftsführer des ARBÖ Steiermark, gratuliert Wiens Fahrradboten zum 20. Geburtstag.

Geprägt durch Lebenserfahrung halte ich sämtliche unter Anspruch auf alleinige Seligmachung apodiktisch verfochtenen Überzeugungen für eine milde Form von Geisteskrankheit. Das gilt für die ganze Bandbreite von Religion bis Politik, vom Rauchen bis zur Promiskuität und vom Radlfahren bis zum Autoverkehr.

Es empfiehlt sich also eine gewisse Offenheit gegenüber nur scheinbar fremder Denke, schließlich ist das Leben keine Generalprobe fürs nächste, in dem man dann alles besser machen kann.

Ein durchaus probates Hilfsmittel für leichtläufigen Paradigmenwechsel ist jedenfalls der Wechsel vom Autositz auf den Fahrradsattel. Persönlich ausprobiert, es funktioniert blendend.

10.34 Uhr an der Kreuzung. Blinker zum Rechtsabbiegen eingeschaltet, warte auf Grünlicht. Da taucht seitlich der Radfahrer auf, hält auf Höhe meines rechten Vorderrades und fährt bei Grün gemächlich geradeaus über die Kreuzung. Halbe Grünphase vertan, drei Autos hinter mir hört man noch das Zähneknirschen der Lenker.

10.45 Uhr: Mit dem Rad unterwegs zu einem Termin in der Innenstadt. Gleiche Situation mit umgekehrten Vorzeichen, und was denk ich mir? „Na, bis der den Gang drinnen hat, bin ich schon über die Kreuzung, außerdem stell ich mich nicht hinter einem stinkenden Auspuff an, wenn ich doch leicht neben dem Auto Platz hab, und ich muss schließlich treten, während der nur aufs Gas steigt."

Bleibt unterm Strich ein klarer Fall fürs kleine Einmaleins der Toleranz und für die ergänzungstechnisch notwendige Koexistenz der verschiedenen Formen von Individual- und Berufsverkehr für eine bedürfnisorientierte und dabei möglichst umweltschonende Gesamtmobilität.

Womit wir endlich bei Veloce gelandet wären, dem schadstoffärmsten innerstädtischen Postzustellunternehmen unserer Tage. Die Idee ist von genialer Schlichtheit: ein Mann, ein Sack, ein Rad und aus. (Wobei „Mann" nicht ganz stimmt: Es gab und gibt auch Fahrradbotinnen – wenige zwar, aber immerhin.) Das erinnert an das Konstruktionsprinzip der ersten Steyr-Traktoren: „Was nicht ist, kann nicht hin werden."

O.k., bei Regen schauen die Burschen oft ziemlich gatschig aus und beim Unterschreiben für den Erhalt der Lieferung rinnt ihnen dann manchmal noch das Wasser aus den Schuhen, was sich meist aber wieder positiv auf die Mautfreudigkeit der Empfänger auswirkt. Denn schnell und zuverlässig sind sie allemal und vor allem professionell und mit einem hervorragenden Instinkt für Autofahrer ausgestattet, die langsamer denken, als die Velocisten mit dem Rad fahren.

Meine wissenschaftlich fundierte Umfrage hat jedenfalls nicht erbracht, dass sich je ein Autofahrer durch einen Veloce-Fahrer behindert oder gefährdet gefühlt hätte. Umgekehrt möchte ich das eher nicht behaupten.

Interessant in diesem Zusammenhang die Antwort einer mir persönlich bekannten Rothaarigen: „Veloce? Das sind doch die durchtrainierten Jungs mit den tollen Wadeln. So einer ist unlängst neben mir an der Ampel gestanden. Ich bin ihm dann nachgefahren, aber an der nächsten Kreuzung hab ich ihn verloren. Schade drum."

Nicht, dass ich mich jetzt um einen Job bei Veloce bewerben möcht' (Gibt es bei euch eigentlich eine Altersgrenze?), aber vielleicht werde ich in Zukunft doch öfter mit dem Rad fahren. Schließlich ist unser ARBÖ ja auch ein Radfahrer-Klub.

Allzeit gute Fahrt jedenfalls, euch Velocistinnen und Velocisten, ihr seid nicht nur eine erfreuliche optische Stadtbildbereicherung, ihr leistet auch einen tollen Beitrag zur Stau- und Staubvermeidung und erspart uns Dutzende von Zustellautos!

Tanti auguri di compleanno!

Willi Nowak, VCÖ-Gründer und -Geschäftsführer, und Veloce-Gründer Paul Brandstätter legten Ende der 80er Jahre bei der Fahrradlobby ARGUS gemeinsam die Grundsteine für ihre heute erfolgreichen Organisationen.

Es ist später Nachmittag. Auf Wiens Straßen macht sich bereits bemerkbar, dass für viele der Feierabend begonnen hat. Gemeinsames Stauen im Stadtverkehr steht auf dem Programm. Für alle? Nein, manche hängen noch am Telefon. „Ich brauche das Buch wirklich dringend. In spätestens einer halben Stunde!" Der eifrige Mitarbeiter aus dem Ministerbüro würde am liebsten durch die Telefonleitung kriechen, um sich den 500-Seiten-Wälzer zu holen. Was tun, wenn das Werk elektronisch nicht verfügbar ist und die Autos auf den Straßen stauen? Richtig: Einen Fahrradbotendienst rufen. Das Fahrrad ist im Stadtverkehr das schnellste Verkehrsmittel. Und so ist es nur logisch, dass sich der erste Fahrradbotendienst Österreichs „Veloce" nennt, was auf Italienisch „schnell" heißt.

Schnell, verdammt schnell, sind auch die letzten Jahre vergangen. Die ersten „Veloce"-Boten erregten nicht nur wegen ihrer gelben Rucksäcke große Aufmerksamkeit. Ende der 80er Jahre war die Gruppe jener, die in Wien radelten, noch überschaubar. Es war fast wie eine große Familie, die sich von den Begegnungen am Radweg kannte. Und dennoch war es eine Zeit des Aufbruchs, die Geburtsstunde einer sehr aktiven und kreativen Radfahrszene.
Ich kann mich sehr gut erinnern, als damals im vierten Wiener Gemeindebezirk bei der ARGUS engagierte Menschen zusammensaßen und sich überlegten, wie das Radeln in Wien stärker wahrnehmbar gemacht werden konnte. Zahlreiche Ideen wurden geboren und viele davon wurden verwirklicht. Es wurde der Radkartenverlag Esterbauer gegründet und die „Cooperative Fahrrad", die heute von vielen als das Top-Fahrradgeschäft Wiens angesehen wird, sperrte auf. Und auch an der Geburt des VCÖ wurde in dieser Zeit heftig gebastelt, um Bewegung in die Verkehrspolitik zu bringen. Knapp bevor der VCÖ gegründet wurde, startete Veloce.
Im Nachhinein gesehen war es klar, dass sich das Konzept eines Fahrradbotendienstes durchsetzt. Das Fahrrad ist in der Stadt das ideale Verkehrsmittel.

Schnell, weil Parkplatzsuche und Stau wegfallen. Günstig, weil höchstens geringe Servicekosten anfallen. Gesund, weil Bewegung fit und den Kreislauf in Schwung hält. Und dass Radfahren umweltfreundlich ist, braucht nicht extra betont werden. Und so ist es kein Zufall, dass mittlerweile auch im gemütlichen Wien das Radfahren boomt. Eine Untersuchung des VCÖ zeigt, dass im Jahr 2006 in Wien 191 Millionen Kilometer im Alltag geradelt wurden. Und in den ersten fünf Monaten des Jahres 2007 stieg der Radverkehr im Vergleich zum gleichen Zeitraum des Jahres 2006 um weitere beeindruckende 60 Prozent. Wien wird zur Radstadt und die Fahrradboten haben dazu einiges beigetragen. Sie haben das verstaubte Image des Radfahrens entsorgt und zeigen, wie cool es ist, in die Pedale zu treten. Fahrradboten umgibt ein Flair von Abenteuer im Großstadtdschungel.

Viele Autofahrer erblassen, wenn sie links oder rechts von einem wahren Kraftfahrzeug überholt werden. Und nach einem Moment des Ärgers kommt manchen die Erkenntnis, dass es in der Stadt doch vernünftiger ist, mit zwei statt mit vier Rädern unterwegs zu sein. Die Fahrradboten sind Profis und haben ihr Rad im Griff. Vieles schaut aus der Zuschauerperspektive gefährlicher aus, als es ist. Dennoch ist davon abzuraten, beim Fahrstil die Boten kopieren zu wollen. Denken wir einfach daran, dass wir auf den Skipisten auch nicht wie Hermann Maier fahren. Veloce war als erster Fahrradbotendienst Vorreiter und Trendsetter. Der Markt wurde aufbereitet. Heute gibt es eine Vielfalt an Fahrradbotendiensten und kaum ein Botendienst in der Stadt kommt heute ohne Fahrrad aus. Und auch Veloce hat sich in diesen 20 Jahren verändert. Neben Fahrrädern gibt es seit geraumer Zeit auch Motorräder und Autos im Fuhrpark. In den 20 Jahren haben die Fahrradboten viele Abgase vermieden. Eine genaue Bilanz liegt nicht vor, einen Klimaschutzpreis hätten die eifrigen Radlerinnen und Radler aber auf jeden Fall verdient. Und sie haben vor allem mehr Aufmerksamkeit von Seiten der Verkehrspolitik verdient. In Wien hat sich binnen kurzer Zeit der Radverkehr verdoppelt, nicht jedoch die Infrastruktur. Es fehlt an Fahrradständern, auf den Radwegen staut es sich bereits. Noch immer gibt es in Österreich die antiquierte Radwegbenützungspflicht. Das richtige Geburtstagsgeschenk für „20 Jahre Fahrradbotendienst" wäre, die Bedingungen fürs Radfahren zu verbessern – und zwar „veloce"! Es soll hier vor lauter Freude über das 20-Jahre-Jubiläum nicht alles als eitel Wonne dargestellt werden. Das Leben als Fahrradbote ist kein Honiglecken. Der Zeitdruck, das Risiko im Straßenverkehr und bei jedem Wetter unterwegs zu sein, und der Lohn dafür ist bescheiden. Der Arbeitskampf fand in der Vergangenheit nicht nur auf der Straße statt. Und so wünscht der VCÖ Veloce, dass auch in Zukunft viele gelbe Rucksäcke Farbe in den grauen Straßenalltag bringen, und den Botinnen und Boten ein möglichst goldenes Zeitalter.

Kämpfer der alten Schule

Fast alles, was in Wien mit dem Radfahren zu tun hat, begann in der Frankenberggasse. Im Büro der „ARGUS", der „Arbeitsgemeinschaft umweltfreundlicher Stadtverkehr". Und in der Frankenberggasse wird immer noch für Radfahrer in der Stadt gekämpft. Evelyne Doppel, die ARGUS-Vorsitzende, steht da seit eh und je an vorderster Front der 1977 gegründeten Initiative. Denn eines hat sich nicht geändert: „Wir sind nach wie vor ein Kampfverband."

Die ARGUS kämpft? Das klingt ziemlich martialisch.

Heute kämpfen wir nicht mehr vor dem Rathaus, sondern drinnen. Ganz am Anfang musste man als Radfahrer auf der Straße ja wirklich kämpfen, um wahr- und ernst genommen zu werden. Wir haben deshalb 20 Jahre lang Radsternfahrten organisiert, aber dann kamen immer weniger Leute. Auch weil sich die Gesellschaft gewandelt hat: Zu Hainburg-Zeiten wollten viele Leute etwas tun. Ehrenamtlich. Das waren die 80er Jahre – aber das hat sich aufgehört. Die Leute sind entweder älter geworden oder haben keine Zeit mehr. Und die Jüngeren gehören zu einer Spaßgesellschaft.

Aber Radfahrer sind in Wien heute omnipräsent. Das zeigt doch, dass die Arbeit Erfolg hatte.

Wir sind nicht so erfolgreich. Es fahren zwar viel mehr Leute als damals, aber in Wirklichkeit ist es nach wie vor zum Verzweifeln, wie viel Blödsinn fabriziert wird. Das, was in Wien geschieht, ist nur ein Bruchteil von dem, was möglich wäre. Wien könnte dastehen wie München – mit 15 Prozent Radverkehrsanteil. Aber wir dümpeln bei 3, 4 oder 5 Prozent. Aber wenn es uns nicht gäbe, würden die Politiker und Stadtplaner noch mehr Blödsinn machen.

Kommen wir zu Veloce: Wiens Fahrradboten entstanden bei der ARGUS – wie war das damals?

Da gab es längere Zeit Treffen – und das haben wir sehr begrüßt. Man wusste ja aus den USA, dass das eine tolle Idee ist, die auf jeden Fall ziehen wird. Weil eine Stadt so was braucht.

Am Anfang war das aber nicht so. Da haben gerade die Gruppen und Initiativen aus dem Öko-Umfeld nicht auf Fahrradboten gesetzt, sondern die klassische Wirtschaft.

Ja, es geht der Wirtschaft ja immer darum, was am schnellsten geht – und auch aus Veloce selbst ist dann ja ein auf Ökonomie und Profit ausgerichteter Wirtschaftsbetrieb geworden. Ob das ganz am Anfang anders war, weiß ich nicht mehr – die Grundidee war aber in jedem Fall: Das gibt es bei uns nicht, aber das funktioniert anderswo – und es wäre wichtig, dass im Stadtverkehr mehr Radfahrer auftauchen. Denn zu dieser Zeit war es in Wien so, dass man jeden Radfahrer gekannt hat, den man getroffen hat. Ganz am Anfang haben wir ja sogar überlegt, ob das die ARGUS selbst machen soll. Das waren vor allem Alternativlinge, die das wollten. Aber die ARGUS war nie auf Gewinn orientiert. Darum haben wir immer gesagt, dass Projekte ausgelagert werden sollen. Das war auch bei den ersten Stadtplänen für Radfahrer so.

Das klingt so, als hätte man Angst davor, Geld zu verdienen.

Ja, es gab da Fundamentalisten in der ARGUS, die Angst hatten, dass die ARGUS ein Geschäft wird, ein Betrieb. Darum haben wir gesagt: Wir helfen beim Start – und dann muss das selbst laufen. Und bei Veloce war das eh klar, dass das laufen würde. Dass das ein Erfolg wurde, war für uns selbstverständlich.

Sind Fahrradboten auch ein Erfolg für die Sache der Radfahrer?

Das ist ein zweischneidiges Schwert: Einerseits ist es gut, dass es mehr Radfahrer im Stadtbild gibt. Andererseits setzen sich alle Botenfahrer über vieles hinweg. Sie gelten als rücksichtslos. Was manche ja wohl auch sind. Aber ins Image des Radverkehrs passten sie immer: Man redet ja so gern über Radrowdys. Über Leute, die Regeln nicht einhalten. Aber Fahrradrowdy und Fahrradbote werden auch oft in einem Atemzug erwähnt. Andererseits ist diese Diskussion für uns gut, denn die Mickymaus-Radwege, die die Stadt Wien immer noch baut und von Anfang an gebaut hat, sind eine Katastrophe. Und da hat man dann gut argumentieren können, dass die für die schnelleren Radfahrer – also für Botenfahrer und andere sportliche Radler – unmöglich zu benutzen sind. Also: Aufhebung der Benützungspflicht.

Ich denke aber auch, dass Fahrradboten für viele jüngere Leute ein Vorbild waren, aufs Rad zu steigen. Ob das die Boten waren oder ob das der Zeitgeist ist, kann man so natürlich nicht sagen – aber natürlich hat die Sichtbarkeit und der Erfolg von Radfahren in der Stadt vielen Leuten geholfen, sich auch selbst zu überlegen, ob sie mit dem Rad nicht auch selbst in der Stadt unterwegs sein könnten.

Aber ganz glücklich klingt das nicht.
Die Sache mit dem Regelbruch ist schon seltsam: Ich verstehe bei so vielen Radfahrern ja wirklich nicht, wieso sie am Gehsteig fahren. Das ist nicht nötig und gefährdet Fußgänger. Aber das machen mittlerweile sehr viele Radfahrer – und ich verstehe nicht, wieso. Weil es dafür einfach keinen Grund gibt. Gut: Gegen die Einbahn fahren oder bei Rot über Kreuzungen nach rechts abbiegen, das macht heute eigentlich fast jeder Radfahrer – aber gewisse Sachen sind nicht in Ordnung. Eben am Gehsteig fahren oder rasch durch Fußgängerzonen.
Da bekommen Fußgänger und speziell alte Leute Angst. Es gab da einmal eine Umfrage des KfV (Kuratorium für Verkehrssicherheit, Anm.) – und da kam heraus, dass ältere Menschen mehr Angst vor Radfahrern als vor Autos haben. Das ist zwar absurd – aber das ist ein Resultat des Am-Gehsteig-Fahrens. Aber sagen, dass das von den Fahrradboten ausgegangen ist, kann man auch nicht – die sind ja interessiert dran, möglichst schnell unterwegs zu sein. Und am Gehsteig geht das ganz bestimmt nicht.
Aber um nicht zu negativ zu klingen: Ich finde ganz allgemein, dass die Leute, die sich bei uns aufregen, sich ein bisserl beruhigen sollten. So wie in New York war es bei uns nie und wird es auch nie werden. Dort sind Fahrradboten zum Teil mit Bahnrädern unterwegs – und die fahren dann mit dem Pfeiferl im Mund und ohne Bremse durch den Verkehr und brüllen einfach „No Brakes" – in Wien braucht sich also wirklich niemand aufzuregen.

Klar ist aber in jedem Fall, dass Fahrradboten nicht mehr aus dem Stadtbild wegzudenken sind. Wohin geht denn diese Reise in den nächsten Jahren?
In anderen Städten transportiert man ja alles am Rad. Kinder. Lasten. Da schaue ich oft ein bisserl wehmütig nach Kopenhagen. Aber Wien wird diese Fahrraddichte nie erreichen. Nicht wegen der Wiener, sondern wegen der Politiker. Unsere Verkehrspolitik ist nach wie vor autoorientiert: Solange bei Maßnahmen zugunsten des Radverkehrs oberste Vorgabe ist, dass kein einziger Parkplatz verloren gehen darf, wird Wien weiter so herumdümpeln wie jetzt.

„Ampeln sind für Radfahrer Gegenstände, die bloß die Umwelt verzieren."

Wiens oberster Verkehrspolizist im Interview über Fahrradboten und andere notorische Regelbrecher

Die Polizei spielt in allen Geschichten und Anekdoten der Fahrradboten eine zentrale Rolle. Meist die des Ausgetricksten und Gefoppten. Kein Wunder also, dass Hofrat Peter Goldgruber, der Leiter der Sicherheits- und Verkehrspolizei in Wien, bei der Frage nach seiner Bilanz über 20 Jahre Fahrradboten in Wien zuerst einmal tief seufzte.

Räuber-und-Gendarm-Anekdoten erzählt jeder Fahrradbote – und die Rollen sind klar verteilt. Sieht sich die Polizei selbst auch vor allem als Pointenlieferant für coole Rabauken?
Aus unserer Sicht ist dieses Räuber-und-Gendarm-Spiel nicht immer so lustig, wie es von außen aussieht. Die Rollenverteilung ist aber berufsbedingt definiert. Auch wenn es den „Gendarm" so in der Realität nicht mehr gibt. Aber um in der Metapher der Frage zu bleiben: Ja, die Fahrradboten sind da die Räuber. Eben im sprichwörtlichen Sinn – denn das sind ja keine Verbrecher. Aber sie sind doch Leute, die uns immer wieder fordern, tätig zu werden, weil sie gewisse Regeln, die für das Zusammenleben, speziell für das sichere Zusammenleben in einer Großstadt, nicht immer einhalten.

Kann man das so pauschal sagen? Halten Boten Regeln tatsächlich als ganze Gruppe nicht ein?
Fahrradboten sind eine spezielle Gruppe im Segment der Radfahrer. Und sie haben zum Teil Vorbildwirkung und sind eben auch aufgrund ihres beruflichen Engagements bestrebt, möglichst schnell zu sein.

Für jemanden, der einen Boten braucht, ist es aber etwas Feines, wenn man weiß, dass die sehr schnell sind.

Ich habe nichts dagegen, dass ein Fahrradbote schnell ist und ausnützt, was er ausnützen kann. Da bietet die Straßenverkehrsordnung ja eine ganze Menge legaler Möglichkeiten: Etwa das Vorfahren entlang einer stehenden Kolonne. Also die Poleposition, wenn das grüne Licht wieder aufleuchtet, hat der Bote ja. Nur sollte er eben eines tun: Tatsächlich auf das grüne Licht warten.

Ampeln sind für Boten also unverbindliche Empfehlungen?
Fahrradboten betrachten rote Ampeln häufig als Gegenstand, mit dem man die Umwelt verziert, leiten daraus aber keine Verhaltenshinweise ab: Das rote Licht an Ampeln wird so gut wie gar nicht beachtet. Man fährt in die Kreuzung ein, hat den Vorteil eines etwas besseren Überblicks vom Fahrrad aus und sieht den Verkehr auch meistens recht gut. Aber eben nicht immer: Es gibt auch immer wieder Unfälle.

Die Autofahrerclubs kritisieren zwar, dass Fahrradboten sich an viele Regeln nicht halten, im Gegensatz zu vielen anderen Radfahrern aber wissen, was sie tun. Eben weil sie Profis sind. Sehen Sie das auch so?
Im Vergleich zu ihrem Aufkommen passiert Fahrradboten weniger als anderen Radfahrern. Weil diese Leute gewohnt sind, mit dem Rad zu fahren. Weil sie gewohnt sind, sich im dichten Stadtverkehr zu bewegen. Daher passiert im Vergleich zur Häufigkeit der Übertretungen wenig, das stimmt. Aber es ist dennoch so, dass man dadurch sich und andere Leute gefährdet – und vor allem, dass sich andere Leute gefährdet fühlen. Oft passiert ja auch nur deshalb nichts, weil ein anderer rechtzeitig reagiert und die Gefahr dadurch bannt.

Boten haben Vorbildfunktion. Sie gelten als cool und hip – ahmen andere Radfahrer dieses Verhalten nach?
Es gibt dazu keine Untersuchung, aber es gibt viele Radfahrer, die keine Boten sind und sich auch so verhalten.

In Berlin, sagt der Gründer des dortigen Fahrradbotenbetriebes „Messenger", würde es von der Polizei toleriert, wenn Boten sich bei Rot über die Ampel schummeln. Eine Option für Wien?
Nein. Diese Option gibt es nicht. Es gibt eindeutige gesetzliche Bestimmungen. Zum einen die StVO – und zum anderen unsere Aufgabenstellung als Polizei: Der Gesetzgeber – und damit das Volk – hat uns beauftragt, die Einhaltung von Regeln und Gesetzen zu überwachen. Wegschauen ist deshalb nie Option für uns. Es liegt nicht im Ermessen des Polizisten, nicht zu reagieren. In manchen Fällen können wir es aber bei einer Abmahnung bewenden lassen. Dann, wenn zwar ein verbotenes Verhalten

gesetzt wurde, dabei aber kein Schaden eingetreten ist.

Aber einen Radfahrer zu stellen, der auf dem Gehsteig oder gegen die Einbahn davonbraust, dürfte schwer sein. Das ist auch eine der häufigsten Anekdoten.
Ja, es gibt die Rückmeldung unserer Kollegen, dass es schwierig ist, einzuschreiten. Wir wägen natürlich die Verhältnismäßigkeit ab – und jemanden mit dem Streifenwagen auf dem Gehsteig zu verfolgen wäre gefährlich – das machen wir nicht, weil wir dadurch Menschenleben gefährden würden. Und mit diesem Vorteil spekulieren die Radfahrer. Aber das ist nichts Überraschendes oder Frustrierendes – das ist eben einfach so. Wir haben aber in manchen Bereichen durchaus gleichwertige Mittel – es gibt ja auch Rad fahrende Polizisten. Und da fällt in so einem Fall wohl das eine oder andere Gefahrenmoment weg. Da kommt es dann eben drauf an, wer die bessere Kondition hat.
Aber wir können auch Schwerpunktaktionen so organisieren, dass die Beamten so aufgestellt sind, dass man nicht so einfach davonfahren kann. Also wenn es uns auf ein deutliches Zeichen ankommt, können wir das schon setzen. Es ist aber aufwändiger, als einen Kfz-Lenker anzuhalten, der durch sein Kennzeichen zu identifizieren wäre.

Sollten die Rucksäcke also Nummern haben? Oder Radfahrer Schutzwesten mit Nummer tragen?
Das wäre durchaus eine Maßnahme, um Radfahrer dazu zu animieren, die Vorschriften einzuhalten, die ja zum Großteil zu ihrem eigenen Schutz da sind. Man darf ja nicht vergessen, dass Radfahrer bei Unfällen fast immer die Schwächeren sind. Und das wäre sicher eine Möglichkeit, um etwas für die Verkehrssicherheit zu tun.

Liebe Veloces!

Christoph Chorherr ist Abgeordneter der Grünen im Wiener Gemeinderat

Manchmal frisst mich der Neid, wenn ich euch sehe.
Nicht nur auf der Straße, wo ihr vieles von dem tut, was ich mir (fast) immer verkneife:
So fahren, wie es Sinn macht, und nicht so, wie es Verkehrsregeln vorschreiben, die für Autofahrer gemacht sind, aber sicher nicht für Fußgänger und Radfahrer.
Besonders neidisch wurde ich bei einer Fernsehdiskussion, wo einer von euch auch all das noch frei von der Leber weg erzählen durfte.
Als Politiker muss man sich wohl an Verkehrsregeln halten, seien sie auch noch so sinnlos.

Manchmal seid ihr Retter in letzter Not.
Mail hin, Internet her – gelegentlich braucht man das Original, oder eine Unterschrift, oder ein Ersatzteil.
Und zwar sofort.
SOFORT!!
Egal welches Wetter, welcher Wochentag, welche Uhrzeit oder welcher ach so schreckliche Stau. Es muss einfach sein.
Und da hilft nicht irgendein Fahrradbotendienst, sondern nur Veloce.
Und (fast) alle Probleme sind gelöst.

Alles Gute zum Geburtstag und vielen Dank.

Bewundernd

Christoph Chorherr

„Die Formel 1 unter den Radfahrern“

Franz Blaha ist Wiens Radwegekoordinator. Die Fahrradboten kennt er seit ihrer Gründung – darum weiß er auch, was er sich von ihnen zum Geburtstag nicht zu wünschen braucht.

Herr Ingenieur Blaha, wie gut kennt der Wiener Radwegekoordinator die Wiener Fahrradboten?
Sehr gut. Ich bin jetzt seit 16 Jahren Radwegekoordinator und habe vorher das Referat für Radverkehrsanlagen geleitet. Ich bin also seit langem mit dabei – mehr als 20 Jahre. Wiens Fahrradboten kenne ich also seit ihrer Geburt.

Das ist also wie eine Familie, die gemeinsam älter wird?
Ja, wir werden gemeinsam älter und erwachsen. Aber die Probleme sind fast immer noch die gleichen wie früher. Wenn man versucht, Radverkehrsanlagen in Wien zu integrieren, gibt es immer noch die gleichen Widerstände hinsichtlich Fahrverhalten oder Platzbedarf oder hinsichtlich einer Neuaufteilung des Platzes auf der Straße.

Wessen Widerstände?
Die von Fahrzeuglenkern, die Radfahrern gegenüber nicht gerade positiv eingestellt sind. Auch die von Politikern, die Angst und Sorgen haben, dass sie plötzlich keine Stellplätze mehr haben. Das haben wir immer wieder und das wiederholt sich immer wieder.

Was haben Fahrradboten denn für den Radverkehr getan? Motivieren sie Leute zum Radfahren?
Botenfahrer sind wie Taxifahrer. Also eine ganz eigene Klientel. Die haben ganz andere Wünsche als Durchschnittsradfahrer. Es gab andere Gründe, das Rad in der Stadt wieder als Transport- und Verkehrsmittel zu entdecken – Veloce hat aber dafür gesorgt, dass das Fahrrad in der Diskussion geblieben ist. Weil sich viele Leute durch das Fahrverhalten der Boten provoziert gefühlt haben und so Diskussionen aufgeflammt sind.

Boten sind also anders. Nicht vor der StVO, aber im echten Leben. Wie sieht dieses Anderssein in Wirklichkeit denn aus?
In Wirklichkeit bewundere ich sie. Vor dem Gesetz sind sie natürlich Radfahrer wie alle anderen auch. Aber sie beherrschen ihr Fahrzeug exzellent – und halten sich deshalb an so gut wie gar nichts. Und das ist genau der Punkt, an dem es dann immer zu Diskussionen kommt – weil man immer wieder diese Boten vor Augen hat, die sich an keine einzige Regel halten.

Aber wenn sie sich an die StVO hielten, wären sie nicht schnell.
Nein, nicht ganz so schnell wie jetzt. Sie wären langsamer und hätten deshalb nicht den Erfolg, den sie jetzt haben. Und deshalb muss man das auch mit einem Augenzwinkern sehen.

Aber auf Wiens Radwegen haben schnelle Fahrer einfach zu wenig Platz. Die treffen auf schmalen Wegen auf zu viele langsame Radfahrer – oder auf Fußgänger. Ist da der Regelbruch nicht nachvollziehbar?
Ich vergleiche Fahrradboten gerne mit Formel-1-Fahrzeugen. Die brauchen mehr Platz, um frei fahren zu können – und das ist in der Stadt eben nicht möglich. Wir – als Stadtverwaltung gesprochen – haben hier sehr viele Ansprüche zu befriedigen. Da ist es nicht immer möglich, sich nur nach den Bedürfnissen einer Gruppe zu orientieren. Aber grundsätzlich bemühen wir uns sehr wohl, Radverkehrsanlagen so zu konzipieren, dass ein durchschnittlicher Radfahrer sie mit etwa 20 km/h benutzen kann.

Wien hat einen Radverkehrsanteil von ...
... etwa sechs Prozent ...

... und bräuchte aber mehr als breite Radwege, um andere europäische Großstädte mit größerem Radanteil zu erreichen.
Stimmt. Wir sind etwa derzeit dabei, den Bedarf von Fahrradabstellanlagen zu erheben. Wir wissen, dass das ein großer Punkt ist: Nur wenn man das Rad sicher abstellen kann, ist man auch bereit, es zu benutzen. Wenn man immer in den Keller muss, ist das nicht ermutigend. Hier arbeiten wir an einer Potenzialanalyse und hoffen, Systeme zu entwickeln, bei denen Fahrräder in den Wohn-, Arbeits- und Umsteigestätten gut und sicher abgestellt werden können.

Wie wird denn die Reise weitergehen? Werden die Diskussionen um die Klimaveränderung oder die Benzinpreise die Leute in der Stadt aufs Rad bringen?

Die Klimadiskussion ist sicher ein guter Ansatz, Menschen zum Umsteigen zu motivieren. Aber ich glaube, dass es dennoch im Großen und Ganzen so weitergehen wird wie jetzt: Es werden immer mehr Leute für immer mehr Wege auf das Fahrrad umsteigen – aber der Stau wird uns erhalten bleiben. Die Boten müssen sich um diese Geschäftsgrundlage keine Sorgen machen.

Schade eigentlich. Gratulieren Sie trotzdem?
Natürlich. Und aus vollem Herzen. Ich möchte ihnen ganz herzlich dazu gratulieren, dass sie 20 Jahre durchgehalten haben. Das war eine Zeit, in der es auch in der Stadt viele Veränderungen und Umbrüche gegeben hat. Ich wünsche ihnen auch für die Zukunft alles Gute.

Und was wünschen Sie sich von den Boten?
Vielleicht einen engeren Kontakt. Den gab es früher, und diese Erfahrungen aus dieser Freerider-Szene waren und sind immer wieder interessante Denkanstöße für uns. Das ist ja nicht nur was Negatives.

Und dass die Boten sich jetzt, wo sie keine Teenager mehr sind, im Straßenverkehr brav verhalten, wünschen Sie sich nicht?
Nein – das wünsche ich mir nicht mehr. Ich war in den letzten 20 Jahren schon so oft bei ihnen und habe mir das gewünscht – aber das hat nichts gebracht. Gegen diesen Wunsch sind Fahrradboten absolut resistent.

::: VOM GEWICHT DES QUERVERKEHRS

Radfahren kann auch eine globale politische Bewegung sein. Es müssen nur genügend Radler auf der Straße zusammenkommen.

Der große österreichische Schriftsteller und Denker Elias Canetti beschrieb in „Masse und Macht" die dunkle Seite dessen, was in der Politik das Resultat der Wechselwirkung aus Populismus, geschickter Manipulation der Massen und der Wucht entfesselter Menschenmengen sein kann. Und oft genug ist.

Fakt ist aber auch, dass Masse Macht ist – und es darauf ankommt, wie man mit beidem umgeht. Wie man beides instrumentalisiert. Und was das Ziel der Reise sein soll – dann wird auch das Wortspiel mit dem Begriff „Critical Mass" verständlich: „Critical Mass" kann man schließlich einfach wörtlich übersetzen – oder aber wissen, dass Wissenschafter und Techniker mit „kritischer Masse" jene Menge Plutonium meinen, die nötig ist, um eine funktionsfähige Atombombe zu bauen.

Und dann gibt es noch eine verkehrspolitische Variante der „Critical Mass". Mittlerweile auch auf Wiens Straßen. Aber der Reihe nach.

Es war 1992, als sechzig US-amerikanische Radfahrer erstmals gemeinsam ihre Ohnmachtsgefühle gegenüber dem Moloch Autoverkehr in San Francisco artikulierten. Sie taten das Einzige, was sie tun konnten, um Aufmerksamkeit zu erregen: Sie formierten sich zu einer Raddemo – und hatten damit mehr Erfolg, als sie sich vermutlich selbst hätten träumen lassen: Die Demo ging durch alle Medien – und Gleichgesinnte drängten auf eine Wiederholung. Ein Jahr später zelebrierten dann bereits hunderte Fahrradfahrer in San Francisco die monatlichen „Commute Clots", „Pendler-Klumpen".

Diese Kundgebungen fanden Anklang und Nachahmer in anderen US-Städten – und einen TV-Journalisten, der sich des Themas annahm und durch einen Dokumentarfilm zum Namenspatron einer mittlerweile globalen Verkehrsbewegung wurde: 1992 drehte Ted White seine Doku „Return of the Scorcher". In dieser „bikeumentary" über Fahrrad-Kultur und Bike-Lifestyle auf der ganzen Welt verglich der Rad-Aktivist und Filmemacher den Gebrauch des Fahrrades in China, den Niederlanden, Dänemark und den USA – und verwendete dabei den Begriff der „Critical Mass“ in einem neuen Kontext. Als quasi „natürliche“ Größenordnung, mit der sich der Lauf des Straßenverkehrs in China autonom steuert. Denn ohne Ampeln hat der einzelne Fahrradfahrer (aber auch Fußgänger oder Autofahrer) als Querverkehr keine Chance, eine stark befahrene Straße zu kreuzen. Erst wenn genug Radfahrer zusammengekommen sind – eben die kritische Masse –, entsteht genügend Druck, um den bis dahin ungestört fließenden Verkehr auf der einen Kreuzungsachse zu stoppen und den querenden Verkehr in Bewegung zu setzen. Amerikas Rad-Aktivisten übernahmen die Formulierung – und die Idee: Man wollte zu einem Block werden, der massiv genug ist, den Autoverkehr zu stoppen.

„Critical Mass“ nannten sich ab da Raddemos auf der ganzen Welt. Im Jahr 1999 gab es bereist in über 200 Städten in 14 Ländern auf allen Kontinenten der Welt „Critical Masses“ – und der Namenspatron der Bewegung, Ted White, drehte über dieses globale Phänomen eine zweite Rad-Doku. „We Are Traffic“ hieß sie – und prompt hatte die Critical-Mass-Bewegung nicht nur einen Namen, sondern auch einen Slogan: „We are not stopping the traffic! We are traffic!“ Auch Österreich gehört seit 1999 zu den Ländern, in denen sich kritische Massen in Bewegung setzen. Wirklich organisiert und regelmäßig wird aber erst seit 2006 am Rad demonstriert. Und zwar in Wien, in Linz und in Graz.

Obwohl: Eigentlich stimmt das so nicht. Denn schon 1994 traf man sich in Wien für die „RAF“. Also zu „Radfahren am Freitag“. Das Ziel war aber dem der US-Biker ähnlich: Man demonstrierte gegen die autozentristische Verkehrspolitik und ihre Folgeerscheinungen – erhöhte Ozonwerte etwa.

Aber in Wirklichkeit war auch das nichts Neues: Schon in den 80er Jahren hatte die ARGUS regelmäßig zur „Radsternfahrt“ geladen.

Der Unterschied zwischen „Critical Mass“ und „RAF“ oder „Radsternfahrt“ liegt im Detail. Und ist auch ein Stück Zeitgeist: Was früher als organisierte und angemeldete Kundgebung abgehalten wurde, wird heute als individualistisches Happening, als zufälliges und unorganisiertes Treffen präsentiert: Das klingt zwar gut – aber ganz zufällig, unstrukturiert und unorganisiert ist der bunte Radlerhaufen dann wohl doch nicht. Denn Slogans wie: „Viva la velolution“ entstehen ebenso wenig von selbst,

BOTENECKE:

FUNKNAME: TYPHON

WIE LANGE BIST DU SCHON BOTE?
8 JAHRE

BESCHREIBE DEIN FAHRRAD:
FULLY

WIE VIELE KILOMETER SCHAFFST DU AM TAG?
70 KM

WIESO BIST DU BOTE GEWORDEN?
ICH BIN MEIN EIGENER HERR

DIE BESTE AUSREDE, WENN DICH EIN POLIZIST BEI IRGENDWAS ERWISCHT?
ICH HAB'S SEHR EILIG. ICH WERDE ES NICHT MEHR MACHEN!

WELCHE VERKEHRSREGEL WÜRDEST DU NIE ÜBERTRETEN?
AUTOBAHN NICHT BEFAHREN

DEIN SCHÖNSTES/SELTSAMSTES TRANSPORTSTÜCK ODER DEIN SELTSAMSTER AUFTRAG/FAHRTBERICHT?
HERZSCHRITTMACHER FÜR WILHELMINENSPITAL; GOLDSCHMUCK, MOZARTWÜRFEL

WOZU TAUGEN AUTOS IN DER STADT?
FÜR ÜBERSIEDLUNGEN

wie sich Homepages von sich aus programmieren und ins Netz stellen oder Aufkleber und Flugblätter ganz ohne konzertierte Zeitpläne und Strategie in der Öffentlichkeit auftauchen. Aber Wien ist dennoch anders. Kleiner nämlich, erzählt Taipan, ein Veloce-Bote und erfahrener Critical-Masser: „In Warschau war ich bei einer Critical Mass dabei, da waren an die 2.500 Leute auf der Straße. Gleichzeitig. Das ist unglaublich. Aber bei uns, in Wien, kommen nur ein paar Maxeln." Zum einjährigen Jubiläum von Critical Mass in Wien etwa waren es heuer gerade 180 Menschen.

Dennoch gelang es den Wiener Radlern, zumindest mit einer Kundgebung größeres Aufsehen zu erregen: Mitte Juni 2007 traf man sich in Wien Margareten, um auf die Donauinsel zu fahren. Und zwar nackt. Es waren zwar nur ein paar Dutzend Nackt-Biker – aber die fanden sich tags darauf in praktisch allen Zeitungen wieder.

Aber die Sache hatte auch einen Haken: Worum es den nackten Critical-Mass-Radfahrern eigentlich ging, war nur den wenigsten Journalisten eine Erwähnung wert. Das hätte auch nur von den hübschen Bildern abgelenkt.

CRITICAL MASS

CRITICAL MASS

RIDE WITH THE
CRITICALMASS

NACHWORT

JUNG, WILD, SCHÖN, SCHNELL

VON **PAUL BRANDSTÄTTER**

::: Hat mich Thomas Rottenberg also erfolgreich überredet, ein Nachwort zu schreiben. Wobei mir schon der Begriff „Nachwort" nicht passte: Veloce steht im 20. Jahr mitten im Leben, die Zukunft hat schon begonnen. Das Nachwort zum Buch ist daher zugleich – in der Tour-de-France-Sprache – Prolog zu den nächsten Etappen. Und die werden genauso interessant und spannend.

Alle paar Jahre reise ich in die Ferne, um das heimatliche Geschehen aus Distanz und anderer Perspektive zu betrachten, Gedanken zu sortieren und Pläne zu schmieden. Heuer fiel mir ein: Veloce wird 20, damit so alt, wie ich war, als ich das Projekt begann. Die jungen Boten, die jetzt bei uns anfangen, sind so alt wie Veloce. Wie viele Leute hatten als Mitarbeiter, als Kunden, als Passanten usw. mit Veloce zu tun? Was hat sich in dieser Zeit getan? Doch einiges. Unterm Südsee-Himmel sinnierend hatte ich die Idee, den Menschen, die mit diesem Projekt direkt oder indirekt beschäftigt waren oder in Berührung kamen, ein Geburtstagsgeschenk zu machen, dafür verschiedenste Perspektiven zusammenzufassen und einige Erinnerungen in Buchform zurückzugeben. Thomas Rottenberg war mir dafür von Anfang an der „natürliche" Autor. Ich bin froh, dass er sofort zusagte und das Projekt – ich hoffe, Sie sehen das auch so – genial umsetzte.

Als Bergsteiger und Kajakfahrer fallen mir zu den Episoden der ersten 20 Jahren Begriffe und Bilder wie „Erstbesteigung", „Gratwanderung" und „Gipfelsieg", „Wildwasser-Rodeo" und „Eskimorolle" ein. „Glück" fällt mir auch ein. Ich bin dankbar, dass wir davon viel hatten, und so konnte ich das Veloce-Team, für das ich mich verantwortlich fühle, und mich vor der Erfahrung „Absturz" bewahren.

Unternehmerisches Tun muss für mich erstens den Kunden bestes Service zum richtigen Preis, den Mitarbeitern und dem Unternehmer Auskommen und auch der übrigen „Gesellschaft" über die Steuern hinaus einen

Mehrwert liefern. Ich denke, wir haben diese Aufgaben ganz gut erfüllt. Unter „einen Gipfel erreicht“ reihe ich ein, als mir ein Botendienst-Mitbewerber erzählte, dass seine Kunden „einen Veloce“ ordern, wenn sie nach einem schnellen Radboten verlangen: „Veloce“ als Gattungsbegriff. Passt.

Bei allen, die mich unterstützt und unseren Erfolg ermöglicht haben, bedanke ich mich herzlich! Vor allem bei:
Unseren Kunden: Durch ihr Vertrauen und ihre Forderungen sind wir gut und immer besser geworden.
Meinen Mitarbeitern: den Rad- und Auto-Fahrern, dem Funkzentrale-Team, den BuchhalterInnen, der Putzfrau, der Fahrerbetreuung, den IT-Leuten, ... für das Engagement und die Loyalität.
Meinen Eltern, von denen ich unternehmerisches Denken lernte.
Meinen Brüdern und Freunden für die vielfältige Unterstützung.
Meiner Ministrantenführerin, bei der ich als Volksschüler erstmals – auf Hochzeiten und als Sternsinger – Geld verdienen lernte.
Den Geschäftspartnern, Grafikern, Druckereien, Funkservice, Bank, Beratern, ...
Den Mitbewerbern, dass sie uns ein ordentliches Stück vom Kuchen gelassen haben.
Den freundlichen Polizisten für diverse zugedrückte Augen.
Den Medien, die uns bekannter gemacht haben.
Lena Gansterer, meiner Tochter, ohne die es Veloce nicht gäbe.

Veloce = schnell. Ist Ihr schnellster Botendienst und Visumservice.
Auch in Zukunft!

Paul Brandstätter

Dank an:

Die Autoren wollen sich bei Peter Scherlofsky und David Dolezal (stellvertretend für alle Veloces) für Input & Rat bedanken. Das gilt auch für Michael Ferdiny (www.ciclopia.at), Peter Wundsam (www.lauftechnik.at), Gerhard Zadrobilek (www.zadrobilek.com), Paul Haber (www.trainingstherapie.at) und – mit einem Tusch – Achim Beier (www.messenger.de).

„Food for thought" lieferte auch Travis Hugh Culleys autobiografischer Roman „Der Fahrradkurier" (Unionsverlag) sowie die Diplomarbeiten über Fahrradboten von Elke Studer, Michael Erb und Veit Kraemer.

Er- und getragen wurden wir von Sonia Ahamefule-Gansterer, Max Buchner, Sarah Schachner, Simone Helmer und Fiona Fleck sowie Pinsel und Andrea Starl.

Die Autoren

LENA GANSTERER, JAHRGANG 1987, MATURIERTE AN DER SIR-KARL-POPPER-SCHULE IN WIEN UND ARBEITETE DANACH EIN HALBES JAHR BEI VELOCE IM KUNDENDIENST. DERZEIT IST SIE STUDENTIN DER INTERNATIONALEN BETRIEBSWIRTSCHAFTSLEHRE UND DER VERGLEICHENDEN RELIGIONSWISSENSCHAFTEN. IHR VATER GRÜNDETE 1987 WIENS ERSTEN FAHRRADBOTENDIENST.

THOMAS ROTTENBERG, JAHRGANG 1969, IST REDAKTEUR DER TAGESZEITUNG »DER STANDARD«, MODERATOR BEIM WIENER STADTSENDER »PULS-TV«, KOLUMNIST UND BUCHAUTOR (ZULETZT: »SEPP RESNIK – EINFACH EXTREM. EIN PORTRÄT«). 1987 WAR ER EINER DER ERSTEN VELOCE-FAHRER.

Veloce: Cover, s. 8, s. 9, s. 10, s. 11, s. 13, s. 15, s. 21, s. 24, s. 25 (2x), s. 27, s. 29, s. 31,s. 32, s. 33, s. 35, s. 39, s. 41, s. 46, s. 47, s. 49, s. 50, s. 53, s. 55, s. 56, s. 61, s. 65, s. 66, s. 67, s. 69, s. 70, s. 71, s. 75, s. 77, s. 79, s. 81, s. 83, s. 84 (2x), s. 85, s. 87, s. 91, s. 101, s. 103, s. 117, s. 119, s. 123, s. 127, s. 129, s. 131, s. 135, s. 139, s. 165
Bubu Dujmic: s. 60, s. 62, s. 63, s. 64 (2x), s. 82, s. 168
DeSt: s. 164, s. 166 (2x), s. 167 (6x)
Thomas Rottenberg: s. 40, s. 125, s. 133, s. 136, s. 137, s. 138
Lena Gansterer: s. 93, s. 94, s. 95, s. 96, s. 97, s. 98, s. 99, s. 102, s. 140, s. 171 (oben)
Kurt Kainrath: s. 4
Peter Paul Wiplinger: s. 22
Brigitta Riebesmeier: s. 42
Springer Verlag: s. 73
profil: s. 86 (Ausgabe: August 1994)
Matthias Cremer: s. 89
Bernhard Salzer: s. 104
Roland Sommer: s. 105
Konrad Paul Liessmann: s. 106
t-factory: s. 112
DOR FILM/Petro Domenigg: s. 118, s. 120
Alexander Tuma/PictureDesk: s. 121 (oben)
Christian Jobst: s. 121 (unten)
Sammer: s. 144
ÖAMTC: s. 148
ARBÖ: s. 150
VCÖ: s. 152
Privat: s. 154, s. 161
Foto Wilke: s. 157
Christoph Chorherr: s. 160
Michael Winkelmann: s. 171 (unten)
Raiffeisenzeitung: 50/1990: s. 37

ISBN: 978-3-901761-76-8

2007 echomedia verlag ges.m.b.h.

Schottenfeldgasse 24, 1070 Wien

Produktion: Ilse Helmreich

Grafik: Alice Rhomberg

Lektorat: Thomas Hazdra

Fotoredaktion: Tini Leitgeb

Repro: mPg medienProduktionsgesmbH

Druck: agensketterl

Verlags- und Herstellungsort: Wien